Christof Sandt

Kleine Anleitung zum Gehölzschnitt

Christof Sandt

Kleine Anleitung zum Gehölzschnitt

So einfach wie möglich!

Obstbäume und Ziergehölze fachgerecht pflegen

pala verlag

Für meinen Sohn Phil, der so gerne auf Bäume klettert

Inhalt

Zum Geleit

Menschen lesen kluge Bücher. Auch kluge Sachbücher. Und doch bleibt bei vielen Lesern nach deren Lektüre eine erhebliche Unsicherheit, das Gelesene in der Praxis umzusetzen. Hier kann ich Sie nur ermuntern: Lesen Sie genau. Tun Sie Ihr Bestes. Probieren Sie aus. Und: Sie *dürfen* Fehler machen!

Vorwort oder: Nein, das muss nicht so!

Angefangen hat das Ganze in einem Sandkasten in Norddeutschland. Mit blauen Förmchen, Sand unter den Nägeln – und mit einer alten Flasche.

Klug, wie unsere Eltern waren, haben Sie uns Kinder ermuntert, am Samstagabend den Sandkasten aufzuräumen.

Ordnung zu üben.

Den Sand sorgfältig zu harken und in der Mitte eine Flasche aufzustellen, gefüllt mit kunterbunten Gartenblumen.

Die Blumen hat mein lieber Vater angebaut und mir damit das Geschenk gemacht, meinen beruflichen Weg finden zu können.

Nach anfänglichen Irrungen habe ich eine Gärtnerausbildung in einer Baumschule gemacht und später Landespflege studiert. Dort und bei meinem heutigen Wirken als Landschaftsarchitekt habe ich viele Gärten und Freianlagen gesehen. Und darin auch viele Pflanzen.

Als besonders schmerzlich habe ich es regelmäßig empfunden und empfinde es, wie mit den Gehölzen, mit Bäumen und Sträuchern, diesen meist so zentralen und wichtigen Trägern von Garten- und Freiraumidentität, umgegangen wurde und wird. Wie diese geschnitten und dabei häufig *entstellt* werden – regelmäßig sogar komplett.

So ist bei mir der Entschluss entstanden, *meine* Sicht auf den Schnitt der Gehölze in die gärtnerische Welt zu geben.
Als Baumschulgärtner. Als Ästhet. Als Pragmatiker.
Und als Lehrling im Faulsein.
Gehölzschnitt: *so einfach wie möglich!*

Christof Gaenas

Der Schnitt der Gehölze

Ein wenig Allgemeines

Warum überhaupt schneiden?

Wie Sie als wache Leserin und wacher Leser vermutlich schon an der Überschrift erahnen und auch wenn es Sie vielleicht trotzdem ein wenig überrascht: Schnittmaßnahmen sind für den Ablauf eines natürlichen Lebenszyklus von Gehölzen **nicht** notwendig! Tatsächlich: Bäume und Sträucher brauchen keinen Schnitt. Doch nicht nur das. Schnitte sind bei einer Reihe von Gehölzen nicht nur unnötig, sondern sogar ihrer natürlichen Erscheinung – und dies ist sehr vorsichtig ausdrückt – abträglich. Da wäre zum Beispiel die malerische Birke oder auch der alte, knorrige Fliederstrauch, unter denen Sie als Kind so ausgelassen getollt haben.

Und doch: Bei so manchen Gehölzen der besiedelten Bereiche ist ein Schnitt aus einer Reihe von Gründen durchaus sinnvoll. Solche Gründe können zum Beispiel sein:

- Förderung von Fruchtbildung und Fruchtqualität: Obstgehölze
- formale Forderungen und Sichtschutz: Formgehölze, Heckengehölze

- verbesserter Blütenansatz: viele Ziersträucher
- Verbesserung von allgemeiner Vitalität und Lebensdauer

Weitere Gründe für Schnittmaßnahmen entstehen durch:

- äußere Einwirkungen: zum Beispiel durch Windbruch oder Krankheitsbefall

- Raummangel: zum Beispiel nahe an Gebäuden oder Wegen
- Wunsch nach Wiederherstellung einer natürlichen Wuchsform, verschnittene Pflanzen

Die Ursache, und hier muss der Autor tief seufzen, für die drei letztgenannten Schnittmaßnahmen ist leider regelmäßig in einer falschen Auswahl von Gehölzen zu suchen. Meist wurden Gehölze gepflanzt, die aufgrund ihrer Eigenschaften, zum Beispiel ihrer Größe oder auch ihrer Standortansprüche, für den ausgewählten Ort nicht geeignet sind: »mal eben« an der Supermarktkasse oder auch im Gartencenter dieses gerade jetzt so hübsch blühende »Irgendwas« in den Einkaufswagen gelegt.

So oder so ähnlich geschieht es. Millionenfach – und erklärt auch, warum unsere Gärten so erfreulich gartenschaugleich und wohlkomponiert aussehen. (Weil ich nun aber meinen kleinen Beitrag zur Verbesserung der Welt beitragen möchte, ist hierzu auf Seite 108 noch Bedenkenswertes für Ihre nächste »Annäherung an solche grünen Objekte der Begierde« zu lesen.)

Anlässe für Schnittmaßnahmen

Wie oben bereits zu lesen war, benötigen Gehölze für ihren natürlichen Lebenszyklus *keine* Schnittmaßnahmen. Nein und nicht. Es sind immer die Bedürfnisse der Menschen an die Pflanze, die die Begründung für Schnittmaßnahmen liefern.

Mal sind dies Bedürfnisse nach einer Begrenzung der Ausdehnung der Pflanze, nach besonders wohlschmeckenden, großen Früchten, vielen Blüten oder das Bedürfnis nach ganz offensichtlich »gepflegten« Pflanzen. Vielleicht um von seinen Nachbarn nicht schief angeguckt zu werden. Dieses letztgenannte Bedürfnis gründet meist auf einem durch Anschauung übernommenen Diktat der regelmäßig auch falschliegenden Mehrheit und ist Ausdruck tragisch unhinterfragter Annahmen wie: »Das macht man so!« Oder: »(All) die anderen machen es doch auch so!«

Die Ergebnisse dieser Verzerrungen zwischen menschlichen Bedürfnissen und dem, wie sich eine Pflanze natürlich darstellt, sind überall zu beobachten und dominieren die große Masse der durch Gehölze geprägten Gärten und Freianlagen. Ein trauriges Bild unserer menschlichen Begrenztheit. Und ein Bild, von dem Sie sich – wenigstens gärtnerisch vorangehend – lösen können.

Und doch: Es gibt auch sinnvolle und mit der Erscheinung der Pflanzen in Einklang stehende Gründe für Schnittmaßnahmen. Bevor wir nun also der Frage nachgehen, welche Pflanzen wie geschnitten werden, ist es notwendig, zwischen verschiedenen guten – weil sinnvollen – Anlässen für einen Schnitt von Gartengehölzen zu unterscheiden.

Die mit Abstand häufigsten Schnittmaßnahmen (siehe ab Seite 21) beziehen sich auf einen

- »allgemeinen« Auslichtungsschnitt an einer Reihe von Ziersträuchern und Obstgehölzen.

Daneben wird im Wesentlichen noch unterschieden zwischen

- dem Pflanzschnitt,
- dem Formschnitt bei Hecken und Formgehölzen,
- dem Entfernen einzelner störender Äste,
- dem Entfernen kranker Triebe,

- dem Entfernen von Rückmutationen an Laubgehölzen und Nadelgehölzen,
- dem Schnitt auf den Stock,
- dem Entfernen der gesamten Pflanze (ohne ihr Wurzelwerk)
- sowie in Einzelfällen Schnitten, die zur Größenreduzierung von Gehölzen führen sollen.

Wie geht die Pflanze mit einem Beschnitt um?

Ohne äußere Eingriffe befindet sich die Pflanze in einem Zustand, der sich im Wesentlichen mit dem Begriff »Gleichgewicht« umschreiben lässt. Gleichgewicht heißt hier, dass sich das Volumen der oberirdischen Teile, also der Äste und Zweige, ausgewogen zum Volumen der Wurzeln verhält. Dieses ausgewogene Verhältnis liegt für die meisten Gehölze bei etwa 3:1.

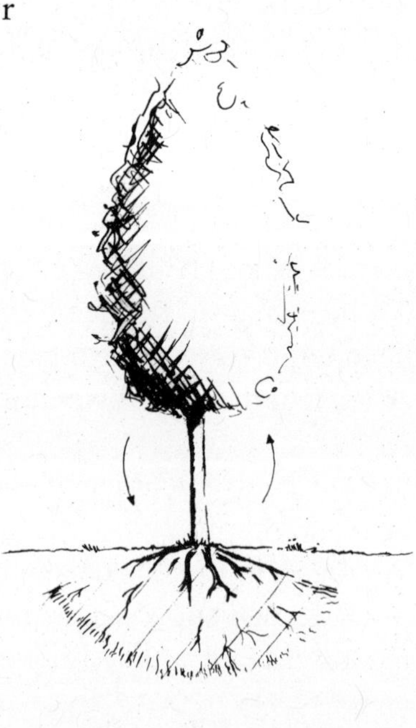

Nach einem Schnitt erfolgt das Wachstum der Gehölze nicht an beliebigen Stellen. In aller Regel wird der äußerste oder höchste Punkt der jeweils beschnittenen Triebe am stärksten wachsen. In der Pflanzenphysiologie nennt man dies das »Gesetz der Spitzenförderung«.

Außer diesem höchsten Punkt beziehungsweise der dort »schlafenden« Knospen werden in aller Regel die drei bis fünf darunter befindlichen Knospen austreiben. Wenn auch meist zunehmend weniger stark.

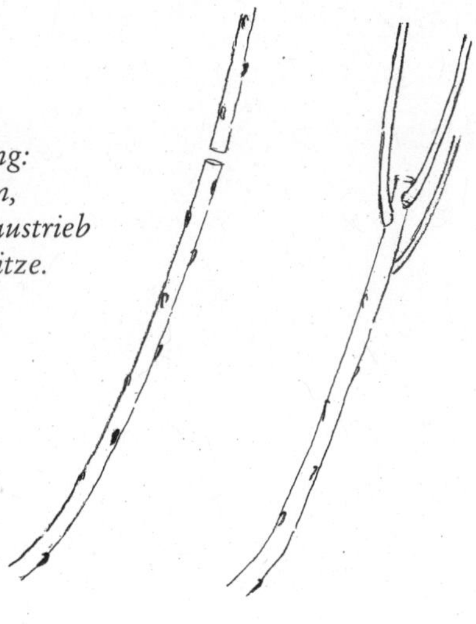

Gesetz der Spitzenföderung: Wird ein Trieb beschnitten, erfolgt der (stärkste) Neuaustrieb an dessen verbliebener Spitze.

Wird nun ein Teil der Zweige und Äste der Pflanze abgeschnitten, so entsteht ein Ungleichgewicht. Da die Pflanze jedoch noch über dieselbe Menge an Wurzeln verfügt (denn diese werden schließlich beim Gehölzschnitt nicht berührt), ist sie in der Lage, verstärkt oberirdische Teile zu bilden.

Gärtnerisch spricht man von einem »angeregten Wachstum« (was die meisten von uns in ihrer Spätpubertät nicht zuletzt infolge elterlicher Beschneidungen auch erfahren haben dürften).

Daneben gibt es das **Gesetz der Oberseitenförderung.** Dies besagt: Besteht ein höchster Punkt aus einem stark geneigten Zweig, so wächst dieser Trieb in aller Regel an seiner Oberseite (gleich seinem höchsten »Punkt«) am stärksten. Dies lässt sich besonders gut an älteren Trieben von Birnbäumen beobachten.

Vor allem das Gesetz der Spitzenförderung ist von elementarer Bedeutung, um die richtige Stelle für einen Schnitt zu bestimmen!

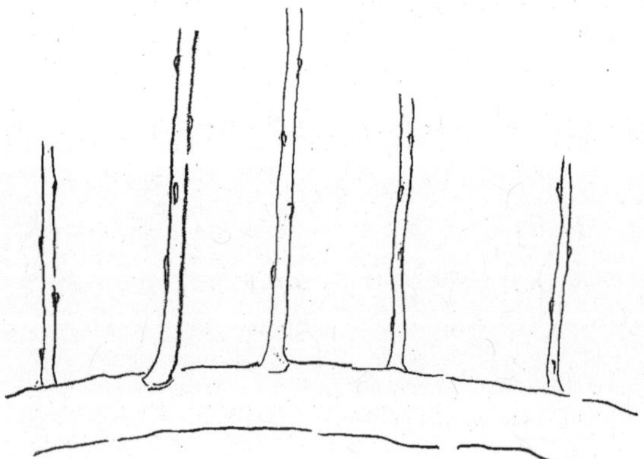

Gesetz der Oberseitenförderung: Ist der höchste »Punkt« eines Triebes eine Waagerechte, wachsen dort die stärksten Triebe auf.

Nach einem Schnitt ist die Rinde, die die Pflanze als Hülle umgibt und sie unter anderem vor Krankheitserregern schützt, beschädigt. Um sich zu schützen, versucht die Pflanze, die Wunde wieder zu verschließen. Dazu bildet sie sogenanntes Wundgewebe, auch »Kallus« genannt.

Nach dem Entfernen eines Astes: vereinfachte Darstellung der Bildung von Wundgewebe

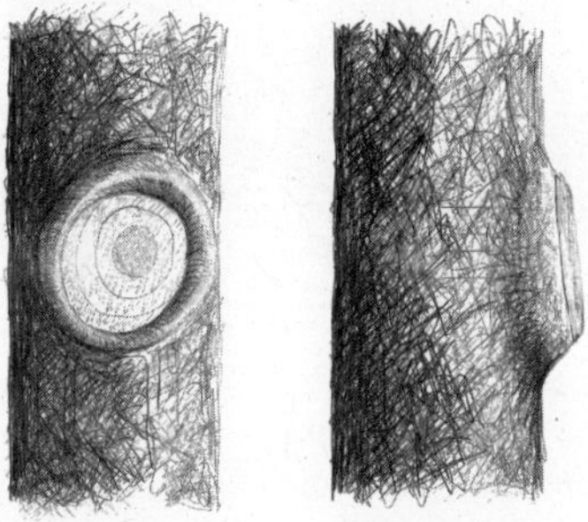

von vorne *von der Seite*

Dieses Gewebe bildet sich als ringförmiger Wulst, jahresweise und von den Rändern zur Mitte. Im Wesentlichen geschieht dies in der Zeit von April bis September, also in der Vegetationsperiode. Für das Schließen größerer Wunden kann die Pflanze mitunter mehrere Jahre benötigen.

Besonders Gehölze mit einem eher »weichen« Holz, zum Beispiel Weiden, aber auch Goldregen und Apfelbäumen fällt es schwer, ihre Wunden über so lange Zeit gegenüber Pilzen und Bakterien abzuschotten. Schnell ist das innere Holz verfault und es entstehen Höhlen (über die allerdings manch Flattertier auch schlicht begeistert ist).

Junge Gehölze wachsen naturgemäß meist zunächst stark in die Höhe. In der Natur ist dies notwendig, um sich gegen die Konkurrenz anderer Pflanzen möglichst schnell einen Platz an der Sonne zu sichern. Demgegenüber wachsen ältere Pflanzen meist mehr in die Breite. Beides eigentlich wie bei uns Menschen. Die dabei mehr oder weniger waagerecht ausgebildeten Zweige tragen in der Regel den stärksten Blütenansatz und Fruchtansatz.

Dieses Phänomen kann man sich wie im gewerblichen Obst- und Weinanbau zunutze machen, indem man die ursprünglich steil in die Höhe wachsenden Zweige von jungen Obstpflanzen so weit herunterbindet, bis sie sich etwa in der Waagerechten befinden. Vor allem junge Pflanzen starkwüchsiger Arten oder Sorten lassen sich allerdings so folgenlos nicht beeinflussen: Sie werden weiterhin versuchen, vor allem in die Höhe zu wachsen. Entsprechend erfordert diese »Überlistungstechnik« intensive Schnitt- und Bindemaßnahmen.

Zum Vorgehen

Welche Pflanzen schneiden?

Wie bereits ausgeführt, gibt es eine ganze Reihe von Anlässen für den Schnitt von Gartengehölzen. Hieraus ergibt sich indirekt jedoch auch die bereits genannte so wichtige Erkenntnis:

> *Eine erhebliche Anzahl von Gehölzen benötigt **keine** Schnittmaßnahmen.*

Bei welchen Pflanzen ein Schnitt nun sinnvoll ist und bei welchen nicht, ist dem Kapitel »Der Schnitt der einzelnen Gehölze und Gehölzgruppen« ab Seite 50 zu entnehmen.

Wie gehe ich beim Schnitt vor?

In diesem Buch ist unter anderem von »einjährigen«, »zweijährigen« oder auch »mehrjährigen« Trieben zu lesen. Hierzu muss man wissen, dass alle Gehölze mit (all) ihren Trieben jedes Jahr ein Stückchen weiterwachsen. Dies geschieht im Sommerhalbjahr in zwei einzelnen Wellen: einmal im Frühling zwischen April und Mai und einmal im Frühsommer, im Juni. In Würdigung von Johannes dem Täufer am 24. Juni nennt der Volksmund das letztgenannte Wachstum auch den »Johannistrieb«.

Wer nun eine genauere Beobachtungsgabe hat, kann das Wachstum der **einzelnen** Jahrestriebe / Jahreszuwächse auch erkennen. Hierbei besitzt vor allem der Austrieb des letzten / jüngsten Jahres gegenüber älteren Triebabschnitten eine leicht andere Färbung und weist auf der Rinde auch noch keinen Algenbewuchs auf. Im Unterschied hierzu sind ältere Triebabschnitte meist schon (ein wenig) veralgt und bekommen, wenn sie noch älter werden, eine zunehmend dickere Borke. Die Übergänge zwischen den einzelnen Trieben / Jahreszuwächsen lassen sich an den dort befindlichen (erheblichen) Knospenbündelungen erkennen.

Der Vollständigkeit halber und zur Entspannung sei zum eigentlichen Schnitt noch Folgendes erwähnt: Die in diesem Buch an verschiedenen Stellen angeführten Zahlen im Zusammenhang mit den beim Schnitt am Trieb zu belassenden Knospen (Gärtner nennen sie »Augen«) sind kein Dogma: Es sind stets »Ungefähr-Empfehlungen«. Oder haben Sie schon einmal einen Profigärtner gesehen, der vor dem Schnitt Knospen zählt?

Im Folgenden werden die wichtigsten Schnittmaßnahmen genannt. Weiteres zur Schnitttechnik folgt ab Seite 37.

Der allgemeine Auslichtungsschnitt

Der »allgemeine« Auslichtungsschnitt will durch die Herausnahme, das Entfernen von Ästen eine mehr oder minder locker-transparente Baumkrone erzeugen. Landläufig bekannt ist dies als überzeichnender(!) Gärtnerspruch: »Nach dem Schnitt muss man einen Hut durch die Krone werfen können.«

Hierbei gilt folgender Grundsatz:

> *Der Könner schneidet so, dass der natürliche Habitus, das »Wesen« der Pflanze erhalten bleibt. Meist wirkt die Pflanze lediglich lichter. (Die Ergebnisse einer allgemein vorherrschenden Praxis sehen leider meistens anders aus.)*

Zum praktischen Vorgehen:
Vor allem für den Anfänger ist es **unbedingt** ratsam, vor dem Schnitt einige Meter von der Pflanze zurückzutreten. So lässt sich ihr typischer, natürlicher Wuchs besser erkennen. Mitunter ist der natürliche Wuchs der Pflanze jedoch infolge andauernder nicht fachgerechter Schnitte nicht mehr erkennbar. Dann ist es ideal, sich mit deren natürlichem Habitus zunächst einmal vertraut zu machen. Hierfür bieten sich Gehölz-Kataloge, Gartenbücher und nicht zuletzt das Internet mit seiner Bildsuchfunktion an.

Das praktische Vorgehen erfolgt dabei immer **»von groß zu klein«**. Das heißt: Müssen große Äste entfernt werden, werden diese zuerst abgeschnitten, dann folgen kleinere und so weiter.

Entfernt wird im Grundsatz:

- Abgestorbenes und **Krankes.**
- **Wurzelbrut** und **Wildtriebe:** bei veredelten Gehölzen.
- Nach **innen** wachsende Triebe: vor allem bei Bäumen und baumartigen Gehölzen, weniger bei den meisten Ziersträuchern.
- Sich reibende, **zu dicht** stehende, sich bedrängende Triebe: Obst kann dort zum Beispiel weniger gut ausreifen.
- In der Vorausschau **langfristig störende** Äste: zum Beispiel solche an Wegen, wo ein später(er) Schnitt zu großen und damit für die Pflanze schlecht zu heilenden Wunden führen würde.

Zu dicht?

An verschiedenen Stellen im Buch ist von zu dicht beieinanderstehenden Trieben (an größeren und kleineren Bäumen) zu lesen. Was aber ist nun zu dicht? Bewährt hat sich dabei folgende gedankliche Vorstellung:

»Die augenblickliche Nachbarschaft der einzelnen Triebe an der betrachteten Stelle im Baum erscheint gegenwärtig so in Ordnung, das heißt vor allem, die Triebe berühren sich nicht. Aber: Wie wird diese Stelle im Baum bezüglich der gewünschten lockeren Aststellung von Kronentransparenz aussehen, wenn nach vielleicht 15 Jahren aus den gegenwärtig noch dünnen Trieben dicke Äste geworden sind? Werden diese nun dicken Triebe dann immer noch ein ausreichend locker zueinanderstehendes Kronengerüst bilden oder sollte ich in kluger Vorausschau doch besser einzelne der als zu dicht stehend erkannten noch jungen Triebe herausschneiden?«

Entfernt werden außerdem:

- Ungefähr drei Viertel der sogenannten **Wasserschosse.** Das verbleibende Viertel dieser Triebe bleibt ungeschnitten. Wasserschosse sind junge Triebe, die vor allem bei zuvor überstark zurückgeschnittenen Gehölzen starkwüchsig, steil und kaum verzweigt in die Höhe wachsen. Bei Bäumen wachsen sie am Stamm und vor allem an der Oberseite von starken Ästen, bei Sträuchern an den höchsten Stellen der jeweils verbliebenen Triebe.
  Meist treten Wasserschosse massenhaft auf. Das Gehölz versucht damit, nach dem überstarken Rückschnitt möglichst rasch wieder ein pflanzenphysiologisch gesundes Verhältnis zwischen seinen Wurzeln und seinen Trieben herzustellen. Gelänge ihm das nicht, würden Teile seiner Wurzeln – unterversorgt, weil Triebe und Blätter und damit die von ihnen gebildeten Baumnährstoffe (Assimilate) fehlen – mitunter absterben. Die gesamte Pflanze könnte wörtlich und damit existenziell ins Wanken geraten.
- Sogenannte **Quirläste.** Hierbei handelt es sich um Aststellungen, bei denen mehr als zwei Äste auf derselben Höhe des Stammes rings um diesen entspringen.
  Der Grund für das empfohlene Auflösen solcher Aststellungen liegt in ihrer baumstatischen Tendenz, vor allem im höheren Baumalter (aus-)bruchgefährdet zu sein. Diese Aststellung oder Triebbündelung sollte – wenn die entsprechenden Äste oder Triebe nicht schon stärker als etwa 8 Zentimeter im Durchmesser geworden sind – unter Herausnahme einiger Quirläste aufgelöst werden. Pro »Ast-Etage« sollten nicht mehr als etwa zwei Triebe verbleiben.

Auslichtungsschnitt an einem Obstbaum: vor dem Auslichtungsschnitt …

- **Konkurrenztriebe** zur Stammverlängerung des Haupttriebes. Gerade bei jungen Bäumen sind solche Triebe unerwünscht und werden entfernt (siehe auch Seite 74).

Bei all dem gilt:
Es sollten möglichst nicht mehr als maximal 30 Prozent des Gehölzes pro Jahr entfernt werden. Wird dieses Maß deutlich überschritten, gerät der Baum unter erheblichen Stress und wird die genannten Wasserschosse bilden. Mit Bedauern

... nach dem Auslichtungsschnitt

sei angemerkt, dass man einen solchen zu starken Beschnitt auch noch viele Jahre nach dem Schnittereignis am Astgerüst erkennen kann: Solche Bäume »erzählen« mitunter dauerhaft die Geschichte von gärtnerischem »Dilettantismus« und »Vergewaltigung«. Eine Geschichte, die ihre arttypische Identität, ihre natürliche Schönheit und am Ende häufig auch ihre so wichtige wohltuende Wirkung für uns lange gestört oder gar zerstört hat. Ein aus fehlendem Sachverstand und fehlender Sensibilität geschossenes Eigentor. Traurig.

Der Pflanzschnitt

Der Pflanzschnitt beinhaltet den Schnitt der oberirdischen Gehölzteile, das heißt der Triebe, sowie einen Rückschnitt der Wurzeln.

Allerdings ist ein solcher Pflanzschnitt nur bei Gehölzen notwendig, die nicht in einem Topf / (Kunststoff-)Container, sondern auf dem »Feld« einer Baumschule gärtnerisch herangezogen und »**wurzelnackt**« gekauft wurden. In servicestarken Baumschulen und Gartencentern ist ein Pflanzschnitt – so er denn erforderlich ist – inklusive. Ausführungen zu den genannten Containerpflanzen finden sich auf der nebenstehenden Seite.

Der **Schnitt der oberirdischen Pflanzenteile** dient dazu, dem Gehölz möglichst gute Anwachsbedingungen zu verschaffen. Bei wurzelnackten Pflanzen soll damit ein Ausgleich für die im Baumschulquartier beim Roden verlorengegangenen Wurzeln geschaffen werden. Daneben dient er bei einer Reihe von Gehölzarten dem Aufbau einer dichten Verzweigung.

Bei veredelten Gehölzen sind eventuell vorhandene Wildtriebe zu entfernen. Dies geschieht soweit möglich durch »Ausbrechen« (siehe hierzu ab Seite 43).

Da es in Abhängigkeit von der jeweiligen Gehölzart beim Pflanzschnitt größere Unterschiede gibt, sei hier im Einzelnen auf das Großkapitel ab Seite 50 verwiesen. Wichtig: Ist dort bei der jeweiligen Gehölzart oder Gehölzgruppe hinsichtlich eines Pflanzschnitts nichts vermerkt, gilt das hier Geschriebene.

Beim **Schnitt von Wurzeln** gibt es keine nennenswerten Unterschiede zwischen den einzelnen Gehölzen.

Bei **wurzelnackten** Pflanzen ist beim Wurzelschnitt Folgendes zu beachten:

- Offensichtlich Beschädigtes und Krankes ist zu entfernen.
- Für glatte Wurzelenden sind sämtliche stärkeren Wurzeln nachzuschneiden.
- Überlange Wurzeln können eingekürzt werden.
- Feinwurzeln sind zu erhalten. Sofern intakt, kann die Pflanze mit ihnen sofort Wasser und Nährstoffe aufnehmen.
- Um Schnittwunden klein zu halten, werden die Wurzeln in einem Winkel von etwa 90° (also **nicht** schräg) abgeschnitten.

Aktuell – und um die Pflanzenverkaufssaison zu verlängern, auch immer weiter zunehmend – werden die meisten der gehandelten Gehölze in Töpfen und Containern kultiviert. Die Wurzeln dieser **Containerpflanzen** brauchen im Grundsatz nicht geschnitten zu werden.

Lediglich wenn die Wurzeln infolge einer zu langen Kultur einen sehr intensiven Wuchs oder auch Drehwuchs entwickelt haben, ist der Wurzelfilz von Hand zu lockern oder der Topfballen auch mehrmals 2 bis 5 Zentimeter tief mit der Schere leicht einzuschneiden.

Pflanzschnitt und Formschnitt bei Hecken und Formgehölzen

Bei einem Formschnitt wird ganz bewusst die Zerstörung des natürlichen Habitus der Pflanze in Kauf genommen. Gewünscht sind in aller Regel Pflanzen mit einer sehr dichten Verzweigung. Von besonderer Bedeutung für diese dichte Verzweigung ist der Schnitt bei der Pflanzung.

*Bei Formgehölzen ist ein »scharfer« Pflanzschnitt **die** Grundlage für eine dichte Verzweigung in späteren Jahren. Ein wenig scharfer Pflanzschnitt lässt sich in späteren Jahren so gut wie nicht mehr korrigieren und führt in der Regel zu Formgehölzen, die in bodennahen Bereichen nur mäßig verzweigt sind.*

Pflanzschnitt bei baumartigen Heckenpflanzen

Hierzu zählen Heckengehölze, die einen Stamm oder Leittrieb bilden: zum Beispiel die Rotbuche *(Fagus sylvatica)*, die Hainbuche *(Carpinus betulus)*, der Weißdorn *(Crataegus)* oder die Eibe *(Taxus baccata)*.

Bei diesen Gehölzen wird das oberste, über dem mehr oder minder dicht verzweigten Teil der Heckenpflanze befindliche Stück des Leittriebes um etwa zwei Drittel eingekürzt.

Dieses Stück des Leittriebes ist meist auf einer Länge von 20 bis 50 Zentimetern auffällig wenig verzweigt und Teil des die gesamte Pflanze von oben bis unten durchziehenden Haupttriebes. Bei Bäumen mit der Gliederung Krone-Stamm bildet der Leittrieb den Stamm sowie dessen vertikale Triebverlängerung durch die Krone bis zur Baumspitze.

Zum Schluss werden die seitlichen Zweige der Heckenpflanze um etwa die Hälfte ihrer Trieblänge eingekürzt.

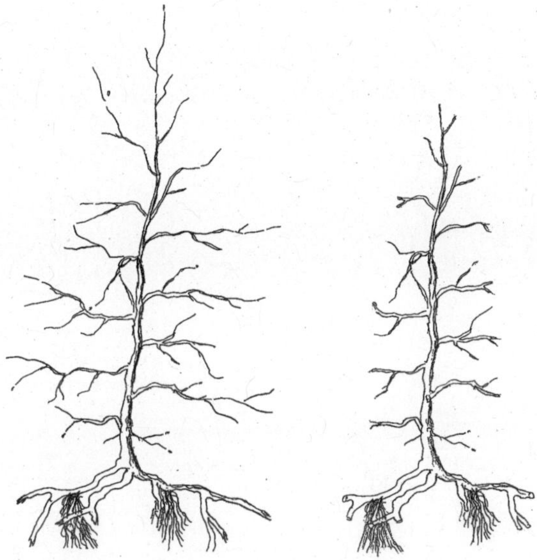

Junge Rotbuchen-Heckenpflanze:
vor dem Pflanzschnitt *nach dem Pflanzschnitt*

Pflanzschnitt bei strauchförmigen Heckenpflanzen

Im Gegensatz zu baumartigen Pflanzen wachsen Sträucher nicht nur mit einem, sondern mit mehreren Trieben vom Boden auf. Typische Heckensträucher sind Liguster *(Ligustrum)* und Berberitzen *(Berberis)*. Diese Sträucher werden beim Pflanzen als Heckengehölze bis auf eine Höhe von etwa 40 Zentimetern zurückgeschnitten.

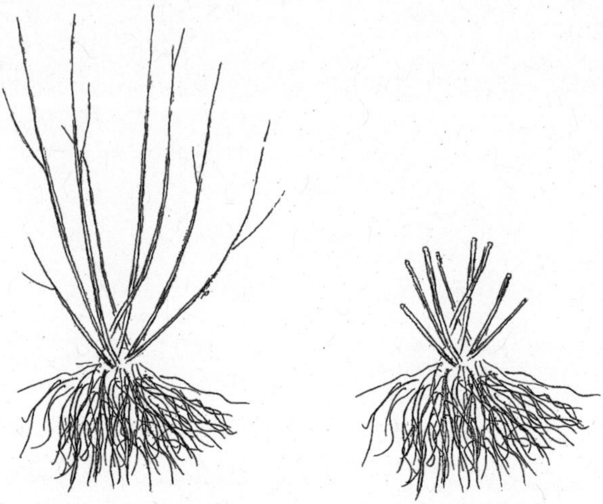

Junge Liguster-Heckenpflanze:
vor dem Pflanzschnitt *nach dem Pflanzschnitt*

Jährlicher Schnitt aller Formgehölze

Nach dem Pflanzschnitt werden alle Formgehölze mindestens einmal pro Jahr geschnitten. Besonders dichte Hecken erhält man durch einen zweimaligen Schnitt. Wer hier seinen Arbeitsaufwand minimieren möchte und zwischen Frühling und Sommer auch mit einer wenig perfekten, weil nicht geschnittenen Hecke leben kann, schneidet erst nach dem Johannistrieb etwa ab Mitte Juli. Da die Hecke nach Mitte Juli nicht weiter wächst, geht sie nach einem solchen Schnitt ohne weiteren nennenswerten Aufwuchs »sauber« in den Winter.

Sollten die Formpflanzen einmal zu groß geworden und eine Größenreduzierung erwünscht sein, die erheblich über das Zurücknehmen des vorjährigen Ausschlages hinausgeht, so sollte dies immer in der Zeit der Vegetationsruhe, am besten im März geschehen.

Zum Schnitt der häufig gepflanzten Nadelgehölzhecken aus Lebensbaum *(Thuja)* oder Scheinzypresse *(Chamaecyparis)* siehe Seite 92.

Die häufig schwierig zu erhaltende Beastung am Fuß einer Hecke lässt sich durch einen trapezförmigen Schnitt fördern. Seine Grenze findet diese Förderung allerdings an eher absonnigen oder gar dunklen Wuchsorten. Dort bleibt es unten mindestens schütter.

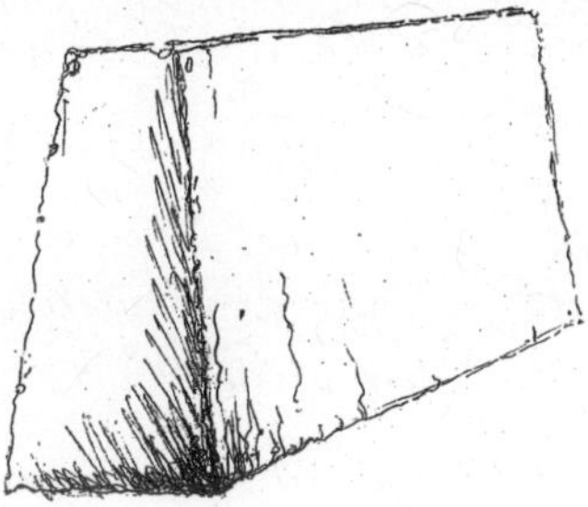

Idealbild einer auch bodennah dicht beasteten Hecke mit trapezförmigem Profil

Bodennah schwach beastete Hecke mit kastenförmigem Profil

Das Entfernen einzelner störender Äste

In der Nähe von Gebäuden und Wegen wird es manchmal erforderlich sein, störende Äste zu entfernen. Die notwendigen Schnitte sollten entweder durch Entfernen des gesamten Astes – bei Bäumen direkt am Stamm, bei Sträuchern möglichst tief über dem Boden – oder durch das Einkürzen der Äste durch sogenanntes Ableiten (siehe Seiten 36, 41) erfolgen.

Beide Vorgehensweisen tragen zum Erhalt der typischen Wuchsform der Pflanze wie auch zu einer raschen Verheilung der entstandenen Wunden bei. Die optimale Zeit für das Entfernen einzelner, großer Äste sind die Monate Mai und Juni. (Dies, da die Wundheilung dann sofort beginnt.)

Das Entfernen der gesamten Pflanze ohne ihr Wurzelwerk

Sollen Gehölze unter Belassen ihres Wurzelwerkes gefällt oder abgeschnitten werden, empfiehlt es sich, dies in der Zeit von Juni bis Juli zu tun. In dieser Zeit befindet sich der größte Teil der Energie der Pflanze in deren Blättern und Jungtrieben. Werden diese nun mit der gesamten Pflanze abgeschnitten, verfügt der Wurzelstock nur noch über Reserven für einen schwachen Wiederausschlag. Spätestens wenn dieser sommerliche Rückschnitt ein bis zwei Jahre wiederholt wird, stirbt die Pflanze.

Das Entfernen kranker Triebe

Kranke Triebe, wie zum Beispiel solche, die mit Obstbaumkrebs oder Monilinia – Letztere auch »Fruchtfäule« oder »Spitzendürre« genannt – befallen sind, werden, soweit möglich, mindestens 10 bis 20 Zentimeter in das gesunde Holz zurückgeschnitten. Der Grund für dieses Vorgehen liegt in dem Umstand, dass die Pilze, die die genannten Erkrankungen auslösen, mit ihren Wurzeln (den Hyphen) auch ein Stück in benachbartes, nicht erkranktes Holz wachsen. Durch den etwas großzügigen Schnitt sollen sie möglichst vollständig entfernen werden.

Wenn die befallenen Triebe dazu nicht ganz – das heißt bis zum Stamm oder Haupttrieb – entfernt werden müssen, werden sie an der nächsten Verzweigung abgeleitet (siehe Seiten 36, 41).

Entfernen erkrankter oder toter Triebe bis in das gesunde Holz: mögliche Schnittstelle

Das Entfernen von Rückmutationen an Laubgehölzen und Nadelgehölzen

Einige Ziergehölze neigen dazu, Triebe zu entwickeln, die in ihre Wildform zurückfallen. So erscheinen an veredelten Nadelgehölzen unvermutet Triebe mit etwas gröberen Nadeln, an eigentlich buntblättrigen Laubgehölzen vereinzelte Triebe mit einfarbigen Blättern.

Unter den Nadelgehölzen neigt besonders regelmäßig die Muschelzypresse *(C. obtusa* 'Nana gracilis'), unter den buntblättrigen Laubgehölzen der Hartriegel (zum Beispiel *Cornus alba* 'Argenteomarginata') zu diesem Phänomen.

Da Triebe von Wildformen in der Regel wesentlich wüchsiger und damit dominanter sind als die der Kulturformen, sollten Wildform-Triebe unbedingt vollständig, das heißt bis zu der Stelle, an der die gewünschte Kulturform (noch) ersichtlich ist, entfernt werden. Geschieht dies nicht, neigen solche Wildtriebe dazu, die eigentlich gewollte Kultursorte der Pflanze dauerhaft und komplett zu überwuchern.

Philosophisch betrachtet: Ein Garten ist eben gezähmte Natur und damit als »ständige« Arbeit erfordernde Kulturleistung einem freien Spiel der elementaren Kräfte der Natur hoffnungslos unterlegen. Bezogen auf den gezähmten Naturanteil des menschlichen Wesens gerät dies in Anbetracht unserer scheinbar so stabilen mitteleuropäischen Zivilisation – und damit auch hinsichtlich der vorne angeführten nachbarschaftlichen Verwicklungen um das Phänomen: »Das macht man so!« – leicht in Vergessenheit.

Der Schnitt »auf den Stock«

Mitunter kann es sinnvoll oder gewünscht sein, Gehölze bis zum Boden (»auf den Stock«) zurückzuschneiden. Im besiedelten Bereich kann dies zum Beispiel erforderlich werden, um vorübergehend Platz für Baumaschinen zu schaffen. Hierbei heißt Rückschnitt bis zum Boden wirklich (möglichst) bis zum Boden.

Während Nadelgehölze, mit Ausnahme der Eibe, einen solchen Schnitt nicht vertragen, treiben die allermeisten der Laubgehölze nach einem solchen Schnitt willig wieder durch.

Hinsichtlich des Schnittzeitpunktes – und wenn, wie hier genannt, ein Wiederaustreiben der Pflanze gewünscht ist – darf ein Schnitt auf den Stock nur in der Zeit der Vegetationsruhe von Dezember bis März erfolgen! (Noch vor wenigen Jahren wäre hier »November bis April« zu lesen gewesen. Und da hält manch ein Präsident den Klimawandel für eine »Verschwörung«.)

Bei Gehölzen, die langsam wachsen (siehe Seite 58), verbietet sich ein solch radikaler Schnitt jedoch vom Prinzip her.

Ältere Essigbäume (Rhus typhina) reagieren auf einen solchen Schnitt ausgesprochen lebendig und treiben aus ihrem weitreichenden Wurzelsystem große Mengen von Ausläufern. Das ist dann nicht so lustig, wenn es plötzlich überall zu leben beginnt.

Schnitte zur Größenreduzierung von Laubgehölzen

Manchmal ist es nötig, die Größe und Ausbreitung von Gehölzen zu begrenzen. Bei den meisten Laubgehölzen führen solche Eingriffe zu einer mehr oder weniger starken Störung ihrer natürlichen Erscheinung. Durchaus befriedigende Lösungen kann hier das sogenannte Ableiten bieten.

Hierzu werden die längsten aus der Pflanze herausragenden Triebe, entsprechend der gewünschten Größenreduzierung, bis in das Innere der Pflanze abgeschnitten. Die Schnittstellen sollten so gewählt werden, dass sie sich möglichst immer direkt vor einer bestehenden Verzweigung befinden. Dadurch werden Aststummel vermieden, die für die meisten Pflanzen nicht zu heilen sind.

Werden die verbliebenen, noch nicht geschnittenen Zweige nicht oder nur schwach eingekürzt, bleibt der Habitus der Pflanze erhalten. Sie erscheint – wie gewünscht – lediglich etwas kompakter.

Besonders unproblematisch gelingen solche Schnitte bei immergrünen Laubgehölzen wie Buchsbaum *(Buxus)*, Stechpalme *(Ilex)*, immergrünen Berberitzen *(Berberis)*, Mahonien *(Mahonia)* und dem Kirschlorbeer *(Prunus laurocerasus)*.

Zur Technik des Ableitens siehe Seite 41.

Schnitttechnik und Wundversorgung

Für eine langanhaltende Vitalität und eine natürliche, harmonische Erscheinung von Gartengehölzen sind vor allem zwei Faktoren von Bedeutung:

- zusagende Standortbedingungen (zum Beispiel Boden, Belichtung, Klima, Raumangebot)
- und eine fachgerechte Ausführung gegebenenfalls notwendiger Schnittmaßnahmen.

Fachgerecht bedeutet: Die Schnitte müssen so erfolgen, dass die Pflanze die ihr zugefügten Wunden möglichst rasch und schadlos wieder verschließen kann. Außerdem sollte so geschnitten werden, dass das natürliche Erscheinungsbild der einzelnen Gehölzart nicht gestört oder – wenn denn erforderlich – ihr Erscheinungsbild gefördert wird. Woraus sich die Frage stellt: Haben Sie gewusst, dass Sie als Gärtner und Gärtnerin auch Therapeut und Therapeutin sind?

Um nun wie beschrieben auf die Pflanze einzuwirken, sind verschiedene Schnitttechniken anzuwenden, die im Folgenden erklärt werden.

Schnitt auf Astring

Jedes Gehölz verfügt über mehr oder weniger ausgeprägte Astringe. Diese zeigen sich als leichte Aufwölbung an der Nahtstelle eines kleineren zu einem größeren Ast oder eines Astes zum Stamm. An dieser Übergangsstelle umfasst der Astring den Ast ringförmig. Besonders gut zu erkennen ist der leichte Wulst von Astringen bei großen Ästen nahe dem Stamm. Der Schnitt auf Astring ist vor allem beim Schnitt an Bäumen und baumartigen Gehölzen von Bedeutung. Beim Schnitt von rasch vergreisenden Sträuchern wie Forsythien oder auch Falschem Jasmin spielt er hingegen keine Rolle.

In den Astringen speichert die Pflanze Reservestoffe. Mit diesen Reservestoffen ist sie in der Lage, eine Wunde in einer für sie bestmöglichen Weise zu verschließen und sich damit gegen eindringende Parasiten zu schützen.

Bei einem fachgerecht abgeschnittenen Ast verbleibt der Astring (und bitte nur der Astring) gänzlich am Stamm. Der Schnitt verläuft parallel zum Astring und unmittelbar auf dessen äußerer Seite.

Ein Schnitt dichter am Stamm würde zu einer unnötig großen Wunde führen, ein Schnitt weiter entfernt vom Stamm würde das Verschließen (Überwallen) der Wunde mitunter ganz unmöglich machen.

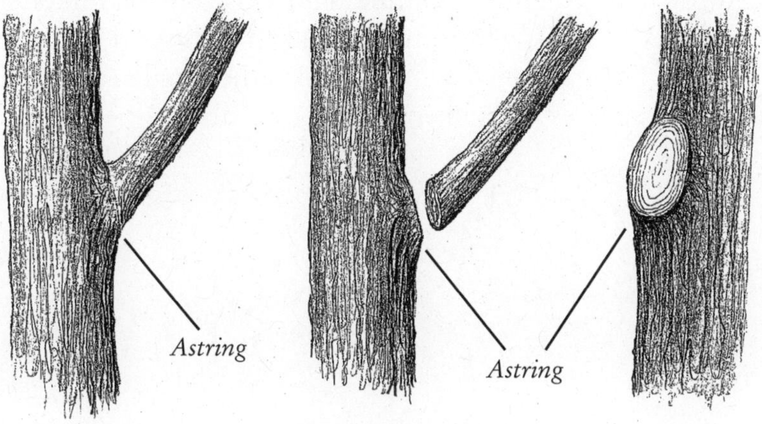

Entfernen eines Astes:

vor dem Schnitt — nach dem Schnitt — nach dem Schnitt in Draufsicht

Im Zweifelsfall sollte der Schnitt leicht nach außen geneigt sein, damit Wasser gut ablaufen kann und keine Fäulnis entsteht. Bei Verwendung einer Baumsäge muss diese über ein winkelverstellbares Blatt verfügen.

Alles Lebende und damit auch Pflanzen hängen (bei wenigstens erträglichen Lebensbedingungen) am Leben: Wenn Ihnen ein solcher Schnitt auf Astring also nicht optimal gelingt, wird die Pflanze davon nicht sterben. In aller Regel dauert lediglich die Wundheilung etwas länger.

Aber weil es oft zu beobachten ist – hier noch einmal ausdrücklich angemerkt: Schnitte unmittelbar am Stamm oder gar das Belassen sogenannter Huthaken sind für den Baum als schwer oder gar nicht zu verschließende Wunden mitunter der Beginn eines langsamen Niederganges!

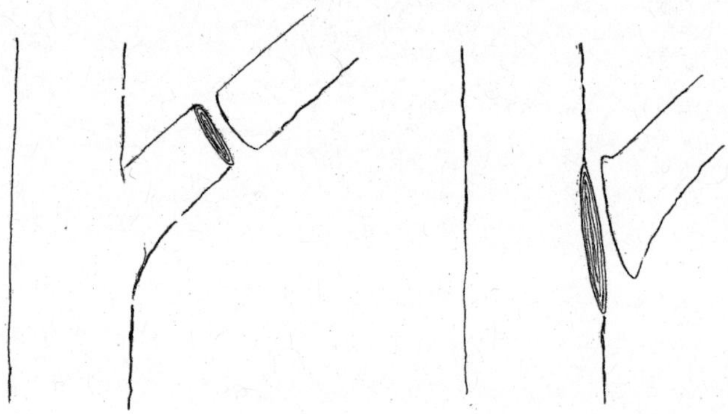

So bitte nicht: keine Huthaken belassen (links) oder den Astring völlig wegschneiden (rechts).

Ableiten

Ableiten meint das Entfernen eines Astes unmittelbar vor einer bestehenden Verzweigung. Dieser »Trick« reduziert die Ausdehnung der Pflanze unter einer gewissen Wahrung ihrer natürlichen Wuchsform (siehe auch Seite 36). Ohne dass es die natürliche Wuchsform auffällig beeinträchtigt, funktioniert das Ableiten zum Beispiel hervorragend bei Kirschlorbeer-Sträuchern oder auch Birnbäumen.

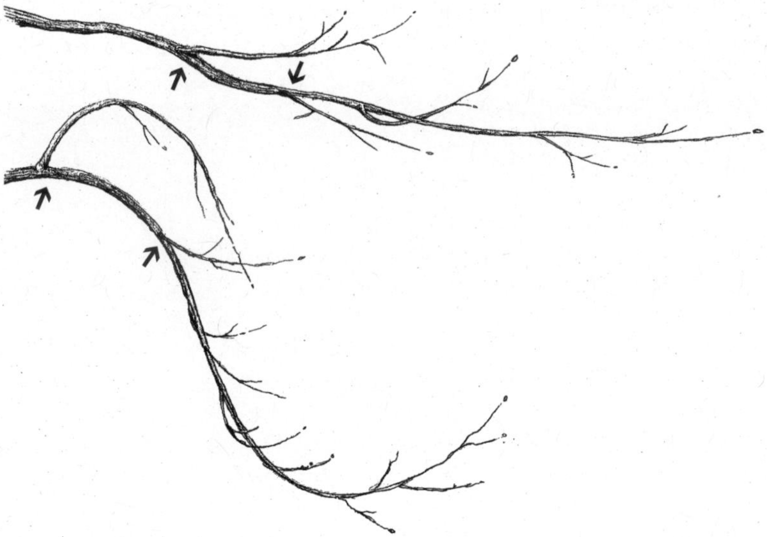

Ableiten: Markiert ist ein Teil der möglichen Schnittstellen.

Entfernen großer Äste

Diese auch als »Starkäste« bezeichneten Triebe sind mitunter sehr schwer. Sollen sie entfernt werden, besteht bei Ausübung einer unsachgemäßen Technik das Risiko, dass der abzusägende Ast während der letzten Phase des Schnittes unkontrolliert abbricht.

Dabei kann die noch mit dem Stamm verbundene Rinde weit nach unten einreißen und zu großen, schwer heilenden Wunden führen. Um dies zu verhindern, ist beim Entfernen von großen Ästen eine spezielle Schnitttechnik erforderlich:

In einem ersten Arbeitsgang (Schnitt Nr. 1) wird der entsprechende Ast etwa 10 Zentimeter entfernt von der beabsichtigten Schnittstelle **von unten** eingesägt. Die Schnittstelle für diesen Schnitt liegt »baumauswärts« gewandt und der Schnitt geschieht etwa bis zur Hälfte des Astquerschnittes.

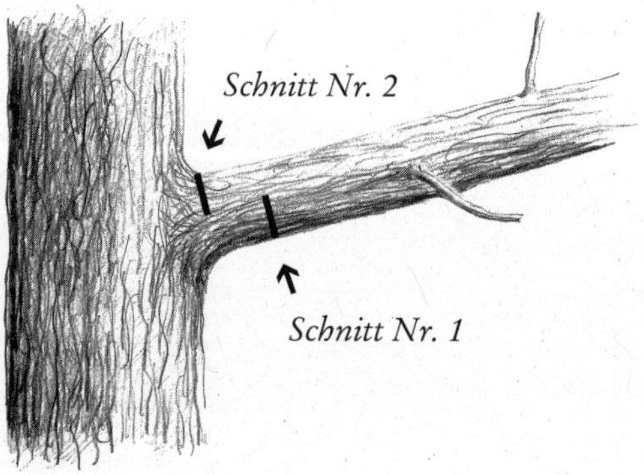

Vorgehensweise beim Entfernen großer oder schwerer Äste

Im zweiten Arbeitsgang (Schnitt Nr. 2) wird an der letztlich beabsichtigten Schnittstelle (meist vor dem Astring am Stamm) gesägt. Diesmal von oben. Der Ast wird nun kontrolliert abbrechen und die unterhalb befindliche Rinde nicht beschädigen. Danach und wenn der abgetrennte Ast entfernt ist, schneidet man den noch verbliebenen Aststummel in Fortführung des bereits begonnenen Astschnittes gänzlich ab. Fertig.

Entfernen von Wildtrieben

Bei veredelten Gehölzen wie Obstbäumen, Rosen oder auch verschiedenen Hängeformen von Ziergehölzen erscheinen manchmal Austriebe, die irgendwie anders aussehen. Häufig wachsen diese Triebe besonders steil und lang nach oben, haben eine etwas üppigere Belaubung und sind außergewöhnlich schnellwüchsig. Hierbei handelt es sich meist um sogenannte Wildtriebe.

Weil diese Wildtriebe in der Lage sind, die veredelten Teile der Pflanze zu überwachsen, diese aber zumindest schwächen, sollten sie möglichst bald entfernt werden. Am gründlichsten geschieht dies durch »Ausbrechen«.

Dazu wird der Wildtrieb möglichst weit unten, das heißt stammnah, angefasst und durch Biegen nach unten ausgebrochen.

Durch das Ausbrechen werden viele kleine und noch unsichtbare Knospen, die der Wildtrieb an seinem unteren Ende trägt, mit entfernt. Wird der Trieb lediglich abgeschnitten, können diese unsichtbaren Knospen austreiben (was diese dann auch meist munter tun). Beruhigend sei hier noch angemerkt, dass Sie bei einem solchen Vorgehen aufgrund der meist sehr großen Vitalität von Pflanzen und auch aus Gründen der Praktikabilität nichts Weiteres – zum Beispiel hinsichtlich Technik und der durch das Ausbrechen entstehenden Wunden – zu beachten brauchen.

Allerdings: Durchführbar ist diese Technik meist nur an jungen Gehölzen und Pflanzware. Bei älteren Gehölzen bleibt nur die Möglichkeit, die Wildtriebe so tief wie möglich abzuschneiden.

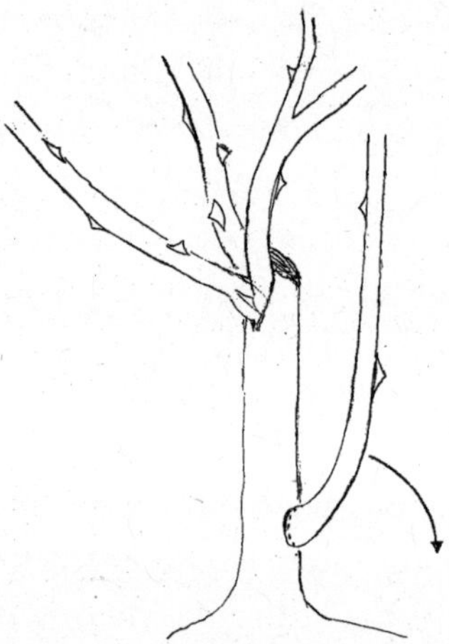

Ausbrechen eines Wildtriebes an einer veredelten Rose

Wundverschlussmittel

Wundverschlussmittel sind für Schnittmaßnahmen im Freizeitgartenbereich in aller Regel unnötig. Im Gegenteil: Einige Pilzarten finden unter dem schützenden Film ein ihnen besonders zusagendes, weil eher feuchtes Lebensmilieu. Da erscheint es ein weit besserer Vorschlag, von dem gesparten Geld mal wieder mit Ihren Lieben in dieses so vorzügliche Lokal zu gehen.

Wann schneide ich am besten?

Während Rückschnittmaßnahmen prinzipiell und von der Pflanze her gedacht das ganze Jahr über möglich sind, empfiehlt sich dafür als Grundregel die Zeit der Vegetationsruhe von Ende November bis Ende März. Dies, da die Pflanze in dieser Zeit ihre Energie (ihre Assimilate) von den (grünen) Blättern in ihre Triebe, ihren Stamm und die Wurzeln verlagert hat. Wird sie also in dieser Zeit beschnitten, verliert sie weniger Energie, wird weniger geschwächt als in der Zeit von Mai bis Oktober, wenn diese Lebenskraft größtenteils in den Blättern steckt.

Interessant ist noch folgendes Gehölz-Detail: Die Energie, die sich im Sommerhalbjahr in den Blättern befindet, ist deren grüner Farbstoff, das Chlorophyll. Was nur wenige wissen, ist, dass die bei manchen Gehölzen im Herbst auftretenden bunten Blattverfärbungen aus Carotinoid-Farbstoffen bestehen, die das ganze Jahr über in den Blättern eingelagert sind (und nicht erst im Herbst gebildet werden). Die bunte Blätterpracht ist also »nur« Ausdruck des Phänomens, dass die Pflanze ihren grünen Farbstoff, der über den bunten Farbstoffen lagert, in ihr Holz zurückzieht.

Ein Gehölzrückschnitt zwischen Anfang November und Ende Februar ist auch aus Gründen des Brutvogelschutzes ratsam und als starker Gehölzrückschnitt in Deutschland auch nur in dieser Zeit erlaubt. Als Ausnahme von dieser Regel gilt in Deutschland aber auch, dass normale »Pflege- und Formschnitte« von Hecken und Gehölzen entsprechend § 39 (5) Nr. 2 Bundesnaturschutzgesetz das ganze Jahr über zulässig sind.

Während des oben genannten Zeitraumes wird selbst ein »scharfer«, das heißt starker Rückschnitt oder gar ein Rückschnitt bis zum Boden (»auf den Stock«) von den meisten Laubgehölzen gut vertragen.

Eine Ausnahme hiervon können Gehölze sein, die im mehr oder weniger tiefen Schatten stehen. Handelt es sich hierbei um Gehölze, die natürlicherweise sonnige Orte bevorzugen, also durch ihren hier falschen, ungünstigen Wuchsort geschwächt sind, kann ein scharfer Rückschnitt unter Umständen zu deren Totalausfall führen. Solche Gehölze schneidet man am besten nur behutsam beziehungswiese eher wenig. Und wenn, dann nur in der oben genannten Zeit der Vegetationsruhe.

Für den Anfänger hat ein Rückschnitt im nicht belaubten Zustand zudem den Vorteil, dass das Astgerüst der Pflanze inklusive toter, beschädigter oder zu dicht stehender Zweige sehr gut zu erkennen ist.

Wer ganz sichergehen will: Als optimale Zeit für einen Schnitt kann für die meisten Pflanzen die Zeit von Mitte März bis Mitte April gelten. Ausnahmen:

- *Besonders früh austreibende Arten wie vor allem Birke, Walnuss und Ahorn (sofern bei diesen malerisch wachsenden Arten Schnittmaßnahmen ausnahmsweise notwendig sind – zum Beispiel, weil ein Ast störend über einen Weg hängt): Diese Arten sollten nur bis spätestens Mitte Februar beschnitten werden.*
- *Um einzelne große Äste zu entfernen, empfiehlt sich ein Schnitt zwischen Frühling (April) und Sommer (Juni). Im Gegensatz zu einem Schnitt während der Vegetationsruhe beginnt die Wundheilung in der Zeit zwischen Frühling und Hochsommer sofort. Dadurch kann sich eine Wunde schneller verschließen und Parasiten haben weniger Gelegenheit, in die Pflanze einzudringen und diese nachhaltig zu schädigen.*
- *Nadelgehölze sollten gar nicht geschnitten werden. Eine Ausnahme bildet ihr Einsatz als Heckengehölz und Formgehölz.*

Pflanzen können nicht »verbluten«. Die Flüssigkeit, die aus den Schnittstellen austritt, ist lediglich Bodenwasser mit darin gelösten Nährstoffen, und dieses steht allgemein unbegrenzt zur Verfügung.

Besonders reichlich fördern diesen angenehm süß schmeckenden »Saft« vor allem früh austreibende und »pumpende« Arten wie Birke, Ahorn oder auch Walnuss. Doch zugegeben, besonders wohl ist auch mir nicht beim Anblick von tropfenden Schnittwunden.

Bezüglich der **Süßkirsche** und deren Schnitt ist regelmäßig zu lesen und landläufig zu hören, dass diese im Sommer geschnitten werden sollte. Grund für das solchermaßen vorgeschlagene Vorgehen ist der Wunsch nach möglichst kleinen Süßkirschbäumen, die sich gut beernten lassen. Das Mittel der Wahl ist hierbei die Schwächung der Pflanze durch einen Beschnitt in einem Zustand, in dem der Baum den größten Teil seiner Energie in die Blätter verlagert hat. Durch den Schnitt verliert der Baum viel Energie, die er sonst in Wachstum investieren könnte.

Abgesehen davon, dass solches Vorgehen dauerhaft nur mäßig erfolgreich hinsichtlich der gewünschten Größenreduzierung der Süßkirschbäume ist, sei nicht zuletzt aus Gründen guter Wundheilung ein Schnitt während der Vegetationsruhe zwischen Ende November und Ende März empfohlen. Und süßer werden Ihre Kirschen bei einem Schnitt im wohligen Sommer auch nicht.

Je nach Region und deren Klima **nicht ganz winterharte Gehölze,** wie zum Beispiel der Schmetterlingsflieder *(Buddleja)*, die Bartblume *(Caryopteris)* oder auch der Silberstrauch *(Perovskia)* werden in Abweichung von dem oben genannten Grundsatz erst mit dem Ausklang des Winters zurückgeschnitten.

Schneidewerkzeug

Benötigt werden:

- eine Rosenschere
- und eine kleinere Bügelsäge (»Baumsäge«) mit verstellbarem Sägeblatt. Außerdem kann mitunter eine
- Astschere, auch Astkneifer genannt, nützlich sein.

Die **Rosenschere** wird vor allem für den Rückschnitt von kleineren Sträuchern wie Rosenbüschen, Gräsern und Stauden sowie für Pflanzschnitte und Wurzelschnitte benötigt. Als Schere von besonderer Qualität sei die »Felco 2« empfohlen. Diese Schere ist die Profischere, und das in vielen Teilen der Welt.

Die **kleinere Bügelsäge** ist in einem reiferen Hausgarten das wohl am häufigsten für den Schnitt verwendete Werkzeug. Das Sägeblatt sollte sich mittels Schnellspannvorrichtung unkompliziert und leicht dem Winkel des Astringes (siehe ab Seite 38) anpassen lassen. Das ist wichtig!

Damit die Arbeit auch Spaß machen kann, sollte die Säge gut in der Hand liegen. So erscheinen mir die zurzeit häufig angebotenen Modelle mit Adaptern im Griff, welche den Anschluss von Teleskopen ermöglichen sollen, weder handlich noch besonders praktisch. Wer es hier perfekt möchte, dem sei die sehr hochwertige und leichtgängige Felco-Baumsäge »630« empfohlen.

Mitunter kann eine **Astschere** (Astkneifer) nützlich sein. Da sie jedoch beim Schneiden zu meist etwas »unsauberen« Schnitten an den Ästen führt, verwende ich sie nur recht ungern und wenn, dann fast ausschließlich zum Auslichten rasch vergreisender Sträucher.

Der Schnitt der einzelnen Gehölze und Gehölzgruppen

Laubgehölze

Blauregen

Wisteria

Am wenigsten aufwendig ist bei Blauregen ein einmaliger Rückschnitt pro Jahr. Günstig ist der Zeitraum Mai und Juni, das heißt **möglichst unmittelbar** nach der Blüte. Dabei werden die vorjährigen Triebe bis auf zwei bis drei Augen (Knospen) pro Trieb zurückgeschnitten.

Kompaktere Pflanzen erhält man durch einen zweiten Schnitt im August/Hochsommer. Dabei werden die nach dem ersten Rückschnitt neu entstandenen Triebe bis etwa zwei Drittel ihrer Länge eingekürzt.

Clematis

Clematis

Von einigen Ausnahmen abgesehen, sind bei der Pflege dieser Schlingsträucher die Wildarten von den großblumigen Hybriden zu unterscheiden.

- Die meisten **Wildarten,** zum Beispiel *Clematis alpina, Clematis vitalba, Clematis montana,* brauchen als »Altholzblüher« (da sie also am zweijährigen und mehrjährigen Holz blühen) für einen reichen Blütenflor gar nicht geschnitten zu werden. Wenn die Pflanzen einmal zu groß werden sollten und zum Beispiel andere Pflanzen (die als Klettergerüst fungieren) zu ersticken drohen, können sie jedoch ohne Probleme – am besten unmittelbar nach der Blüte und so weit wie gewünscht – zurückgeschnitten werden.
  Ausnahmen: Bei *Clematis tangutica* und *Clematis viticella,* die »Neuholzblüher« sind (also am jährlich neu entstehenden Austrieb blühen), sollten im Frühjahr eines jeden Jahres alle Triebe auf 30 bis 60 Zentimeter Restlänge zurückgeschnitten werden.

- Die meisten **großblumigen Hybriden** wie zum Beispiel die Sorte 'Jackmannii' werden zwischen Februar und März eines jeden Jahres mit allen Trieben bis auf 40 bis 80 Zemtimeter eingekürzt. Einen solchen Schnitt erhält auch *Clematis × durandii.*
  Ausnahmen bilden unter den großblumigen Hybriden die Sorten 'Boskoop Beauty', 'Daniel Deronda', 'Dr. Ruppel', 'Fujimusume', 'Königskind', 'Krimson King', 'Lady Northcliff', 'Lasurstern', 'Mrs. Colmondoley',

'Multi Blue', 'Nelly Moser' und 'The President'. Die Triebe dieser Sorten werden in ihrer Gesamtlänge lediglich leicht, das heißt um etwa ein Viertel zurückgeschnitten. Zeitpunkt: zwischen Februar und März eines jeden Jahres.

Clematis können mit ihren Blattranken nur Kletterhilfen umschlingen, deren Durchmesser 2,5 Zentimeter nicht überschreitet. Wer dies beachtet, erspart sich ein aufwendiges Festbinden der Triebe. Und hat mehr Zeit für diese so herrlich gemütliche Gartenliege.

Heide: Sommerheide und Winterheide

Calluna vulgaris, Erica cinerea

Die beiden am häufigsten gepflanzten Heidearten werden am besten nach dem Ausklang des Winters zwischen Anfang und Mitte März zurückgeschnitten, am besten während trüber, milder Perioden. Wird dies beachtet, lassen sich Frostschäden auf ein Minimum begrenzen. Der Schnitt sollte möglichst ungezwungen polsterförmig erfolgen.

Zum Rückschnitt größerer Pflanzen ist eine Heckenschere gut geeignet.

Heimische Sträucher

Viele der in diesem Kapitel »Der Schnitt der einzelnen Gehölze und Gehölzgruppen« genannten Gehölze sind nicht heimisch, sondern Kulturpflanzen oder sie stammen aus anderen Gegenden der Welt, wobei viele von ihnen bereits seit Jahrzehnten, manche gar seit Jahrhunderten hierzulande gärtnerisch verwendet werden. Heimische Sträucher zu pflanzen, um insbesondere die hier ansässige Natur zu fördern, ist eine gute Überlegung.

Und so sind unter den heimischen Sträuchern für eine Gartenbepflanzung zum Beispiel gut geeignet: Wolliger Schneeball *(Viburnum lanata)*, Roter Hartriegel *(Cornus sanguinea)*, Wasser-Schneeball *(Viburnum opulus)*, Berberitze *(Berberis vulgaris)*, Kreuzdorn *(Rhamnus catharticus)*, Pfaffenhütchen *(Euonymus europaeus)* oder auch der (allerdings recht kurzlebige) Besenginster *(Cytisus scoparia)*.

Diese Arten kommen grundsätzlich ohne Schnittmaßnahmen aus. Sollten Ihnen diese Arten im Laufe der Jahre allerdings zu breit werden, empfiehlt sich als begrenzender Schnitt das auf den Seiten 36 und 41 genannte »Ableiten«.

Neben den oben genannten Arten gibt es noch eine ganze Reihe weiterer heimischer Sträucher, von denen viele allerdings letztlich zu groß für einen (heute) normalen Garten werden. Beispiele hierfür sind Schwarzer Holunder *(Sambucus nigra)*, Weißdorn *(Crataegus monogyna, Crataegus laevigata)* oder auch Gewöhnlicher Liguster *(Ligustrum vulgare)*.

Möchte man diese Gehölze nicht als geschnittene Formhecke kultivieren (Weißdorn und Gewöhnlicher Liguster sind dafür prima geeignet!) und so erhalten, empfiehlt sich bei diesen bis über sieben Meter hoch werdenden Sträuchern, diese im Turnus von fünf bis zehn Jahren auf den Stock zu setzen (siehe Seite 35). Sie werden dann nicht höher als drei bis vier Meter und schlagen nach diesem Rückschnitt auch gut wieder aus.

Die ebenfalls gut für eine Gartenbepflanzung geeignete heimische Hundsrose *(Rosa canina)* pflegt man im Übrigen, indem man (nach etwa zehn Jahren und dann »immer mal wieder«) einzelne alte Triebe bis zum Boden (das heißt so tief wie möglich) abschneidet. Bis auf die Versorgung Ihrer dabei zerstochenen Hände ist nichts Weiteres nötig.

> *Vor dem heimischen Schwarzdorn (Prunus spinosa), auch Schlehe genannt, kann für den eigenen Garten nur gewarnt werden: Er will sich im Laufe der Jahre durch Wurzelausläufer und den daraus entstehenden Trieben immer weiter und weiter und weiter ausbreiten.*

Eine andere Möglichkeit im Umgang mit den genannten eher größer werdenden Sträuchern bildet deren sukzessive Umwandlung in einen Kleinbaum. Hierfür ist vor allem der genannte Weißdorn gut geeignet.

Um diese Art(en) zu einem Kleinbaum zu erziehen, ist in den ersten etwa zehn Jahren nach der Pflanzung nichts zwingend zu tun. Danach schneidet man die unteren seitlichen Äste / Verzeigungen direkt (und bitte ohne Huthaken, siehe Seite 40) bis zu dem sich immer stärker entwickelnden Stamm (oder den sich entwickelnden Stämmen) ab. Durch diesen jährlichen seitlichen Beschnitt entwickelt sich im Laufe der Jahre aus einem »Strauch« immer mehr ein »Baum« (mit der Gliederung Stamm-Krone). Dabei gilt hinsichtlich der Frage, bis in welche Höhe Sie die seitlichen Triebe abschneiden (Gärtner nennen dies »Aufschneiden«), in welcher Höhe also eine »Krone« verbleiben soll: Die Chefin, der Chef, sind Sie.

Zum Nachdenken: Auch sehr viele nicht heimische Gehölze (und Stauden) haben eine erhebliche Bedeutung für die heimische Tierwelt und insbesondere für Vögel und Insekten: als Brut-, Versteck- und auch als Nahrungspflanzen. Beispiele für solche Arten sind die aus China stammende Kolkwitzie *(Kolkwitzia amabilis)* mit ihrer für viele Insekten wertvollen Nektar- und Pollentracht oder die aus Serbien stammende Omorika-Fichte *(Picea omorika)*, die in unseren Siedlungen und Städten ein mitunter für das Vorkommen entscheidendes Lebensraumrequisit für Vogelarten wie Dompfaff und Wintergoldhähnchen ist.

Nicht nur der Vollständigkeit halber sei zudem in diesem Zusammenhang angemerkt, dass es das Wesen von Gärten ist, kosmopolitische Orte zu sein und insofern heimische und nicht heimische Arten und Einflüsse zu etwas vor allem Schönem zu vereinen. Woraus sich die Erkenntnis ergibt, dass vermutlich jegliche Mischung von Kulturen ohne Bewusstheit und ständige Pflege nicht funktioniert.

Heimische Bäume

Für heimische Bäume, die man zum Beispiel als Tierlebensraum, Schattenspender oder vielleicht auch als Statement in den Garten pflanzen möchte, gilt Ähnliches wie für heimische Sträucher: Die überwiegende Zahl der heimischen Baumarten wird für die heute üblichen Gartengrundstücke erheblich zu groß: beispielsweise die Hainbuche *(Carpinus betulus)*, die Sandbirke *(Betula pendula)* oder auch die Rotbuche *(Fagus sylvatica)*. Daneben gibt es aber heimische Baumarten, die als sogenannte »Kleinbäume« durchaus im kleinen Garten gepflanzt werden können. Beispiele für solche Bäume sind Gewöhnliche Traubenkirsche *(Prunus padus)*, Vogelbeere *(Sorbus aucuparia)* oder auch Feldahorn *(Acer campestre)*.

Bei diesen Bäumen erübrigt sich ein Schnitt und es gilt das Gleiche wie für Solitärgehölze (siehe Seite 58).

Hortensien

Hydrangea

Bauernhortensien

Hydrangea macrophylla

Da Bauernhortensien den größten Teil ihrer Blüten am mehrjährigen(!) Holz ansetzen, beschränkt sich der Schnitt dieser Pflanzen auf das Entfernen zu dicht stehender, erfrorener sowie vergreister Triebe. Vergreist sind die Triebe von Bauernhortensien nach vier bis fünf Jahren.

Die Blütenstände vom Vorjahr werden ebenso entfernt. Der beste Zeitpunkt für den Schnitt von Hortensien ist der Vorfrühling.

Die häufig gewünschte blaue Färbung der Bauernhortensien-Blüten lässt sich bei den meisten Sorten (nicht jedoch bei allen) gezielt herstellen. Hierzu sollte sich der pH-Wert des Bodens um 4,5 befinden. Die eigentliche Blaufärbung hängt von einer ausreichenden Konzentration an verfügbaren Aluminium-Ionen im Boden ab. Um diese herzustellen, gibt man während der Zeit des Blütenansatzes Ammoniakalaun oder Aluminiumsulfat auf den Wurzelbereich der Pflanze.

Da diese gärtnerische Maßnahme Bodenlebewesen (das Edaphon) schädigt, empfehle ich, hinsichtlich der Gewissensentscheidung »Pracht oder pralles Leben« Letzteres zu wählen.

Rispenhortensien

Hydrangea paniculata

Rispenhortensien blühen am einjährigen (vorjährigen) Holz. Für einen üppigen Blütenflor empfiehlt sich ein Rückschnitt der vorjährigen Triebe um zwei Drittel bis drei Viertel ihrer Länge. Außerdem sollten zu dicht stehende, erfrorene und abgestorbene Triebe entfernt werden. Bester Zeitpunkt ist der Frühling vor dem Austrieb.

Bei den übrigen Hortensien-Arten, zum Beispiel der Samt-Hortensie *(Hydrangea sargentiana)*, beschränkt sich der Schnitt im Wesentlichen auf das Entfernen erfrorener oder abgestorbener Triebe.

Laubgehölze mit einem besonderen Wuchs

Solitärgehölze

In vielen Gärten finden sich Laubgehölze mit einem besonders ausdrucksstarken, häufig malerisch gewundenen Triebwachstum. Im Rahmen der Pflanzenverwendung und von Gartenarchitekten werden diese Gehölze auch als Solitärgehölze bezeichnet. Sie eignen sich insbesondere gut für eine Einzelstellung. In größeren Gärten und Parkanlagen kann man mit ihnen auch kleinere Gruppen und Haine pflanzen.

Typische Solitärgehölze sind: Essigbaum *(Rhus typhina),* Felsenbirne *(Amelanchier),* Hängeblutbuche *(Fagus sylvatica* 'Pendula'), Hängebirken *(Betula pendula* 'Tristis' und 'Youngii'), Magnolie *(Magnolia),* Scheinbuche *(Nothofagus antarctica),* Walnuss *(Juglans regia),* Zierahorne (wie *Acer palmatum),* Zierkirschen und Zieräpfel (wie *Prunus sargentii* 'Accolade' oder *Malus toringo)* oder immergrüne Gräser wie der Gartenbambus *(Sinarundinaria murielae).*

Außerdem – wenn auch nicht ganz so ausdrucksstark im Wuchs – können zu dieser Gruppe Sträucher wie Flieder *(Syringa),* Goldregen *(Laburnum),* Schneeball *(Viburnum)* oder die Zaubernuss *(Hamamelis)* zählen.

> *Häufig übersehen: Auch Obstbäume, allen voran die auch auf dem Umschlag dieses Buches abgebildete Quitte (Cydonia oblonga), können sich unter behutsamer Pflege zu bemerkenswert ausdrucksstarken Baumgestalten entwickeln!*

Solitärgehölze wie die hier genannten besitzen das Potential, sich zu ungewöhnlich ausdrucksstarken Pflanzen entwickeln zu können. Richtig ausgewählt, platziert und umpflegt, können Solitärgehölze einem Garten mit den Jahren so eine sehr prägnante und einzigartige Note verleihen. Voraussetzung hierfür ist jedoch – Sie ahnen es bereits –, dass bei diesen Pflanzen im Grundsatz ein Schnitt unterbleibt!

Schnittmaßnahmen beschränken sich in der Regel lediglich darauf,

- tote, kranke und störende Zweige (beispielsweise solche an einem Weg) zu entfernen. Beim Schnitt ist darauf zu achten, dass der Gesamthabitus oder auch das Wesen der Pflanze erhalten bleibt. Müssen Äste eingekürzt werden, erfolgt dies durch Ableiten (siehe Seiten 36, 41). Müssen ganze Äste entfernt werden, bitte keine Huthaken zurücklassen (nein, auch nicht für Ihren nagelneuen, so wunderschönen Strohhut!), siehe Seite 40.
- Vor allem, wenn die Pflanze unter nicht optimalen und beengten Bedingungen wachsen muss (zum Beispiel im Schatten), kann ein sehr behutsamer Auslichtungsschnitt das Wesen der Pflanze noch deutlicher zutage treten lassen.

Insgesamt ist beim Schnitt dieser Gehölze Ihr Einfühlungsvermögen gefragt.

Lavendel

Lavandula

Um buschige und kompakte Pflanzen zu erhalten, empfiehlt sich beim Lavendel ein jährlicher Rückschnitt. Dabei wird der vorjährige Trieb um ein Drittel bis zur Hälfte eingekürzt (diese Umfangsangabe bezieht sich auf die Trieblänge ohne die oben an den Trieben befindlichen, langen Blütenteile, wobei dieses Verblühte natürlich mit entfernt wird).

Alte Lavendelbüsche können erstaunliche Höhen und Ausdehnungen erreichen. Sind diese nicht gewünscht, können sie bis auf 10 bis 20 Zentimeter über dem Erdboden, das heißt »radikal« zurückgeschnitten werden. Bester Zeitpunkt für die genannten Rückschnitte von Lavendelpflanzen ist die Zeit von Mitte März bis Anfang April.

Die nach der jährlichen Blüte verblüht an den Pflanzen befindlichen Pflanzenteile gelten auch in der heutigen Landschaftsarchitektur nicht mehr als ungepflegt, sondern als ein Ausdruck erstrebter Natürlichkeit. Entsprechend werden sie erst im folgenden Jahr (mit den genannten Triebteilen) abgeschnitten.

Mandelbäumchen

Prunus triloba

Mandelbäumchen blühen am vorjährigen Holz. Um das Bäumchen anzuregen, diese Triebe zu bilden, an denen im kommenden Jahr dann Blüten erscheinen, können alle Triebe bis auf wenige Augen (Knospen) zurückgeschnitten werden. »Wenige Augen« meint hier, dass **maximal** 0,5 Zentimeter, besser 0 Zentimeter Trieblänge verbleibt (nur Mut!) – bester Zeitpunkt hierfür: **unmittelbar** nach der Blüte.

Zwar ist bei betagten Exemplaren eine solche Behandlung ebenso möglich, empfohlen wird bei älteren Mandelbäumchen jedoch deren behutsames Auslichten, also das Belassen einer gegenüber der oben genannten Pflegevariante weit größeren, pittoreskeren Pflanze.

Mandelbäumchen neigen zur Spitzendürre, einer auch Monilinia genannten Pilzerkrankung. Befallene Triebe sind bis in das gesunde Holz zurückzuschneiden (siehe Seite 33).

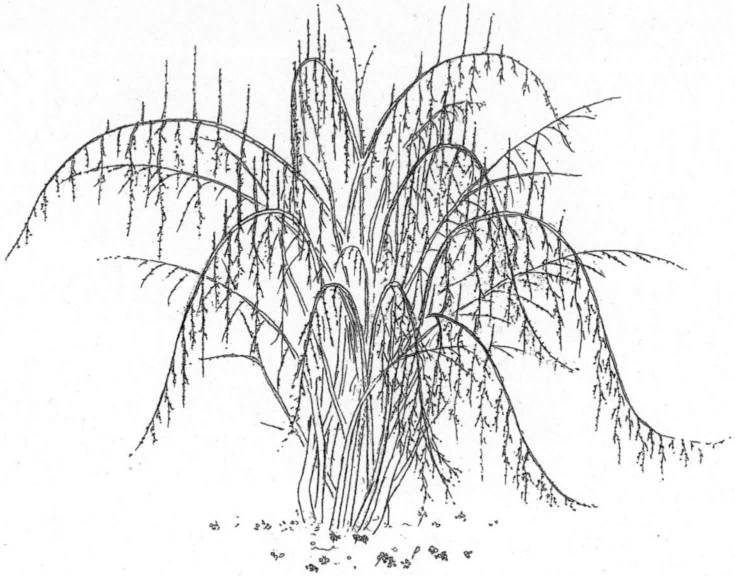

Schnitt eines Forsythienstrauches (allgemein: eines rasch vergreisenden Strauches mit stärkstem Blütenansatz am zweijährigen oder dreijährigen Holz). So ist es richtig: vor dem Schnitt ...

Rasch vergreisende Blütensträucher

Rasch vergreisende Blütensträucher zeichnen sich durch einen im Vergleich zu vielen anderen Pflanzen jahrweise ausgesprochen starken oder langen Triebzuwachs aus. Doch ebenso rasch, wie diese Pflanzen wachsen, altern sie auch. Dies betrifft ebenso die Bildung von Blüten, die im Laufe der Jahre an den »eben noch vitalen und bald schon vergreisten« Trieben mitunter erheblich nachlassen kann.

... und nach dem Schnitt.

In dieser Gruppe werden Gehölze unterschieden, bei denen

- der stärkste Blütenansatz am zweijährigen und dreijährigen Holz erfolgt, und solche,
- die am einjährigen (vorjährigen) Holz blühen.

Typische Gartenvertreter der erstgenannten Gruppe sind nicht zuletzt: Goldglöckchen *(Forsythia × intermedia)*, Falscher Jasmin *(Philadelphus coronarius)*, Deutzie (zum Beispiel *Deutzia* 'Mont Rose'), Kolkwitzie *(Kolkwitzia amabilis)*, Ranunkelstrauch *(Kerria japonica)*, verschiedene Spiersträucher (zum Beispiel *Spiraea arguta)* oder Weigelie *(Weigela)*.

*Im Grundsatz beschränkt sich der Schnitt dieser Gehölze darauf, alte und meist dürftig blühende Triebe **ganz** zu entfernen. Zu erkennen sind solche alten Triebe vor allem an ihrer im Vergleich zu den anderen Trieben stärkeren Dicke. Der Schnitt erfolgt dabei möglichst nahe über dem Erdboden. Ganz praktisch heißt das in einer Höhe von 5 bis 20 Zentimetern, weil dort häufig bodennah sehr dicht stehende Triebe stören.*

*Das häufig praktizierte **Einkürzen** der Triebe sollte als Grundsatz ganz **unterbleiben.** Durch den Neuaustrieb, der dem Schnitt folgt, führte es lediglich zu einer unschönen und komplett unnatürlichen Triebbündelung.*

Entgegen der oben genannten Pflegeregel gibt es allerdings auch den Fall, dass einige der genannten Sträucher – vor allem, wenn sie sich an einem sehr hellen Standort ausgesprochen wohlfühlen – mit enorm vielen und derart dicht stehenden Trieben aufwachsen, dass ein Schnitt annähernd unmöglich ist. Dann darf gelten: *Nichts* machen. Anschauen. Freuen.

Eine Sonderrolle innerhalb der rasch vergreisenden Sträucher haben solche, die am **stärksten am einjährigen Holz blühen,** wie Bartblume, Säckelblume, Silberstrauch oder Schmetterlingsflieder.

- Bartblume *(Caryopteris)*, Säckelblume *(Ceanothus)* und Silberstrauch *(Perovskia):* Rückschnitt bis auf 10 bis 25 Zentimeter verbleibende Trieblänge. Da diese Gehölzarten nur bedingt winterhart sind, ist ein Rückschnitt erst im ausgehenden Winter ab Mitte März empfehlenswert.

➤ Schmetterlingsflieder *(Buddleja):* In einem ersten Arbeitsschritt werden jüngere und ältere Schmetterlingsflieder behutsam ausgelichtet, sodass ein **locker** aufgebautes Strauchgerüst verbleibt. Dann werden die verbliebenen vorjährigen Austriebe bis auf drei bis fünf Augen (Knospen) pro Trieb zurückgeschnitten. Diese Schnittmaßnahmen erfolgen jedes Jahr Anfang bis Mitte März.

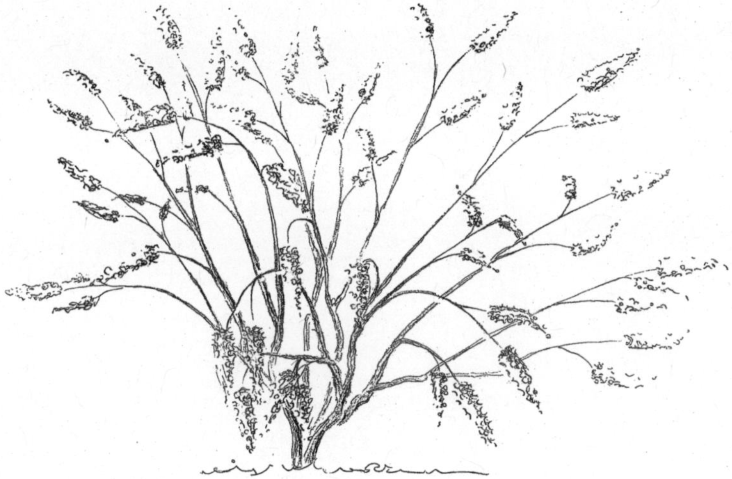

Sommerflieder vor dem Rückschnitt (oben) und nach dem Rückschnitt (unten)

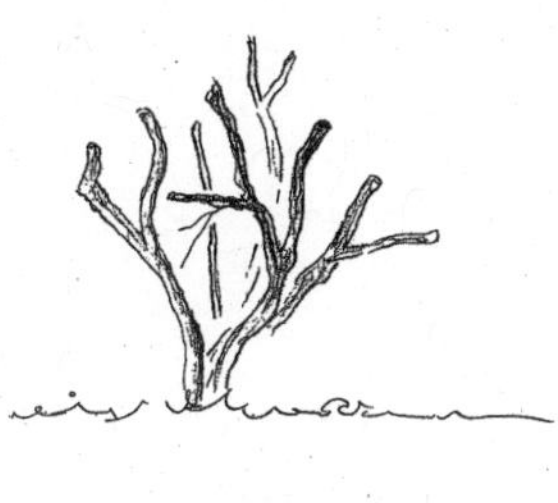

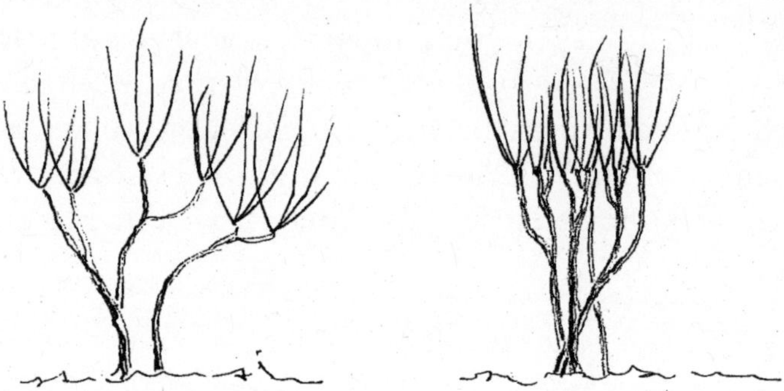

So bitte nicht: zwei häufig zu sehende Ergebnisse eines nicht fachgerecht ausgeführten Schnitts von Sträuchern: Bodennah sind die Pflanzen kahl. Die Pflanzen wirken nur noch wenig natürlich.

Kleinwüchsige Spiersträucher (beispielsweise in der am häufigsten verwendeten Sorte 'Anthony Waterer'), der Fingerstrauch *(Potentilla)* sowie das Johanniskraut *(Hypericum)* werden zwischen November und März bis zum Boden, das heißt so tief wie möglich zurückgeschnitten. Wird dies im Turnus von etwa fünf Jahren wiederholt, blühen die Pflanzen, nachdem sie dann erneut schön dicht aufgewachsen sind, auch wieder besser. Bei Ärger zwischen Nachbarn über die kleine Spierstrauchhecke hinweg kann diese Maßnahme zur Entspannung beitragen.

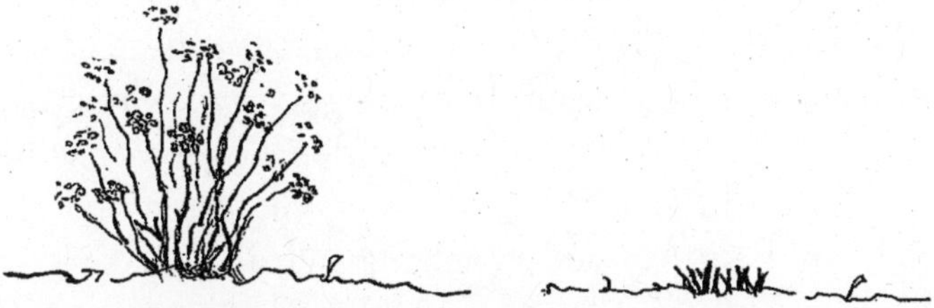

Johanniskraut vor dem Rückschnitt (links) und nach dem Rückschnitt (rechts)

Rhododendren und andere Moorbeetpflanzen

Rhododendren *(Rhododendron)* und andere Moorbeetpflanzen wie Azaleen *(Rhododendron)* oder Lavendelheide *(Pieris japonica)* brauchen prinzipiell keinen Rückschnitt. Zu voluminöse Pflanzen verkleinert man durch Ableiten (siehe Seiten 36, 41).

Wenn auch nicht erforderlich, kann man bei Rhododendron nach der Blüte die verblühten Teile ausbrechen. Da die Pflanze infolgedessen keine Früchte entwickelt, steht ihr für das kommende Jahr mehr Energie für das Wachstum, Blätter und Blütenansatz zur Verfügung.

Rosen

Rosa

Mit Ausnahme von Wildrosen sind alle Rosen (gezüchtete) Kulturpflanzen, die ohne regelmäßigen Beschnitt die von uns Menschen gewünschten Eigenschaften hinsichtlich Blütenfülle und eines (kompakten) Wuchses verlieren würden. Insofern und obwohl sie ohne Pflege verwildert auch gut überleben würden, haben wir sie an den Tropf menschlicher Pflege gelegt. Ein Tropf, der am besten mit festen Lederhandschuhen an die Pflegebetten gehängt wird.

> *Wer den Winter etwas beruhigter verbringen will, weil seine Lieblingsrose gut behütet ist, der häufelt sie im Spätherbst an und bedeckt die Triebe mit Nadelholzreisig. Mit solchem Reisig oder auch einem Jutesack (bitte keine Plastiktüten oder Plastiksäcke!) lassen sich ebenso Kronen von Rosenstämmchen schützen.*
>
> *Und: Beim Schnitt von Rosen empfehlen sich dringend feste Handschuhe. Am besten solche aus Leder. Und am besten solche, in denen nicht noch letztes Jahr Ihre Gartenschuppen-Maus residiert hat.*

Die Pflege der Rosen hängt stark von der Gruppe ab:

- **Einmalblühende Strauchrosen** und **Wildrosen** sind sehr pflegeleicht und werden lediglich im Turnus von drei bis fünf Jahren durch behutsames Auslichten, das heißt die Herausnahme zu dicht beieinanderstehender sowie kranker, abgestorbener und alter Triebe gepflegt. Dabei werden letztgenannte Triebe so tief wie möglich, das heißt in der Regel bis zum Wurzelstock abgeschnitten. Insgesamt ist ein **lockerer** Pflanzengerüstaufbau gewünscht.

- **Öfter blühende Strauchrosen** werden ebenso behandelt. Zusätzlich und um sie zu (immer) weiterer Blütenbildung anzuregen, werden abgeblühte Blüten möglichst rasch nach deren Blühzeitende entfernt. Es ist aber auch möglich, die sich aus den abgeblühten Blüten dann entwickelnden Hagebutten zu belassen: eine bedenkenswerte Option, wenn Sie unseren Wintervögeln Nahrung anbieten (und die Welt verbessern) möchten.
- Die Pflege von **Kletterrosen** beschränkt sich auf zweierlei: das Herausschneiden abgeblühter Blüten und toter Astpartien (siehe hierzu auch die oben stehenden Ausführungen zu öfter blühenden Strauchrosen). Außerdem können oder sollten ältere Kletterrosen ab einem Alter von etwa zehn Jahren durch das bodennahe Abschneiden alter Triebe zur Bildung junger Triebe angeregt werden. Dadurch wird die Pflanze verjüngt und stimuliert, an den neuen Trieben wieder üppig Blüten zu bilden.
- **Bodendeckerrosen** brauchen im Grunde keinen Beschnitt. Sollten Ihnen die Pflanzen allerdings auf Dauer zu hoch werden oder nicht mehr gut blühen, ist es möglich, sie im Winterhalbjahr bis zum Boden zurückzuschneiden, wonach sie im nächsten Frühjahr wieder willig austreiben.
- **Beetrosen, Edelrosen** und **Zwergrosen** schneidet man im Nachwinter und im Sommer.

Nachwinterschnitt für Beetrosen, Edelrosen und Zwergrosen

Im Nachwinter werden bei Beetrosen, Edelrosen und Zwergrosen sehr alte, zu dicht stehende, kranke oder erfrorene Triebe ganz entfernt. Die übrigen Triebe werden auf **etwa** drei bis sieben Augen (Knospen) pro Trieb zurückgeschnitten.

Der Schnittzeitpunkt richtet sich nach dem gewünschten Flor:

- Ein früher Schnitt gegen Mitte März führt zu hohen, früh blühenden Rosen.
- Ein später Schnitt bis Ende April führt zu kompakteren, gut zwei Wochen später blühenden Rosen.

Sommerschnitt für Beetrosen, Edelrosen und Zwergrosen

Der Sommerschnitt dient im Wesentlichen dazu, die Rosen zur Bildung weiterer Blüten anzuregen. Dazu werden die verwelkten Blüten mit den sich entwickelnden Hagebutten abgeschnitten. Dabei wird jeweils ein Drittel bis die Hälfte der Länge des einzelnen diesjährigen Triebes entfernt. Damit die Rosen möglichst wenig Energie in die Bildung dieser Hagebutten (»fehl«-)investieren, sollte dies möglichst rasch nach deren Verblühen geschehen. Sind Hagebutten gewünscht, muss dieser Schnitt natürlich unterbleiben.

Der **Pflanzschnitt** bei Rosen ist abhängig von der Jahreszeit, in der gepflanzt wird. Bei der **Herbstpflanzung** werden die Rosen gar nicht oder nur leicht, das heißt um etwa ein Drittel ihrer Trieblänge eingekürzt. Der eigentliche Pflanzschnitt erfolgt erst im Nachwinter, entsprechend der Frühjahrspflanzung. Bei der **Frühjahrspflanzung,** ab Mitte März und bis Mitte April, werden die Rosen auf **etwa** fünf bis sieben Augen (Knospen) pro Trieb zurückgeschnitten. Später gepflanzte Rosen, die im Container kultiviert wurden, erhalten keinen Pflanzschnitt und werden erst wieder im Sommer zur Bildung neuer Blüten durch das Entfernen abgeblühter Blüten zurückgeschnitten.

Obstgehölze

Nach der bisherigen Lektüre dieses Buches wundern Sie sich vermutlich nicht, wenn Sie nun lesen: Die folgenden Anleitungen zum Schnitt von Obstgehölzen entsprechen **nicht** den zum Teil hoch intensiven Anbaumethoden und Anbautechniken des kommerziellen Obstbaus und auch nicht den letztlich doch betont ertragsorientierten Techniken sogenannter extensiver Obstbaumwiesen (zum Beispiel als »Öschbergschnitt«).

Die nachfolgenden Empfehlungen berücksichtigen insbesondere auch die Rolle von Obstgehölzen als raum- und funktionswirksame Elemente wie zum Beispiel als Schattenspender oder Kletterbaum. Oder – und nicht zuletzt – als schönes, später vielleicht sogar malerisch identitätsstiftendes Gartenelement. Auch zielen diese Ausführungen – im Gegensatz zu den oben genannten Obstbäumen des Erwerbsobstbaus und vielen anderen Schnittanleitungen – auch auf **langlebige** Bäume. Bäume, mit denen Sie alt werden können. Und Bäume für Menschen, denen es nicht auf den maximalen Ertrag ankommt, sondern die auch das Wohl ihres Gegenübers im Blick behalten möchten.

Pflanzschnitt bei Kernobstgehölzen und Steinobstgehölzen, 1. Jahr

Der Schnitt der oberirdischen Teile erfolgt solchermaßen: Unter den Trieben, die aktuell die Verzweigungen der jungen Pflanze bilden, werden zunächst drei bis fünf Triebe ausgesucht. Diese sollen die »Leitäste«, also das Gerüst des späteren Obstbaumes bilden.

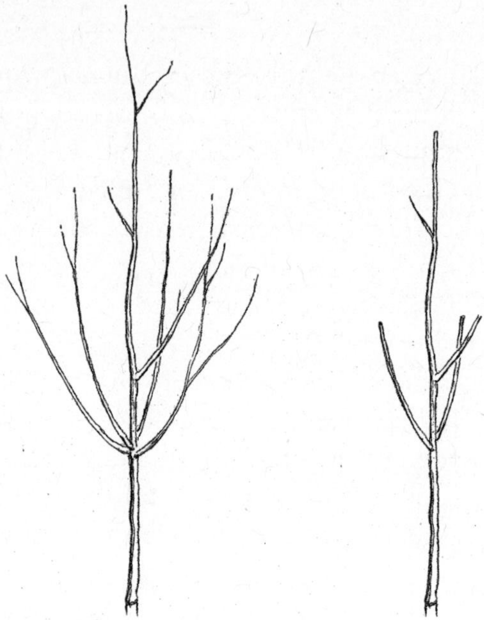

Junger Obstbaum vor und nach dem Rückschnitt

Es ist darauf zu achten, dass sich die ausgewählten Triebe möglichst auf der gesamten Länge der Krone und rings um die Stammverlängerung (radial) in der Krone verteilen. Meist lässt es sich jedoch nicht umgehen, dass etwa zwei der gewählten Triebe dicht beieinander am unteren Ende der noch jungen Krone stehen.

Abgeschnitten werden zunächst alle nicht ausgewählten Triebe: dicht am Stamm und auf Astring.

Die ausgewählten Triebe werden um etwa ein gutes Drittel eingekürzt. Auch ein Rückschnitt um bis zu drei Viertel schadet nicht, im Gegenteil. Im optimalen Fall sollte die am äußersten Ende des abgeschnittenen Triebes verbleibende Knospe »kronenauswärts« gerichtet sein. Wer es gärtnerisch perfekt machen will, achtet darauf, dass sich die letzten Knospen der verbleibenden Triebe alle etwa auf einer Höhe befinden. Profigärtner – *und Sie sind nach der Lektüre der Hälfte dieses Buches auf dem besten Weg dorthin* – nennen dies »Saftwaage«.

Zum Schluss wird die Stammverlängerung (auch Leittrieb genannt) eingekürzt. Der Schnitt ist so zu platzieren, dass die Stammverlängerung den obersten der ausgewählten Triebe um etwa 50 Zentimeter überragt.

Zum Schnitt der Wurzeln siehe Seite 27 unter »Wurzelschnitt«.

Kronenaufbauschnitt bei Kernobstgehölzen und Steinobstgehölzen, 1. bis 3. Jahr (bis 5. Jahr)

In den folgenden drei bis fünf Jahren nach der Pflanzung erfolgt der Kronenaufbau. Hierbei ist durch den Schnitt vor allem auf die Entwicklung eines **lichten** und **tragfähigen** Astgerüstes einzuwirken.

»**Licht**« bedeutet, dass die großen Äste (auch Leitäste genannt), die von der Stammverlängerung in der Krone abgehen, ausreichend weit auseinanderstehen. Ausreichend weit wiederum meint, dass die feineren Verzweigungen, die von den Leitästen entspringen und wachsen, Licht in die Krone dringen lassen und weiterhin werden dringen lassen. Entsprechend erfordert die Auswahl der Leitäste eine gewisse Vorausschau.

»**Tragfähig**« bedeutet, dass Leitäste so gewählt werden, dass sich diese möglichst gleichmäßig radial um den Stamm (das heißt in »alle« Himmelsrichtungen) und auch auf der Länge der Stammverlängerung (das heißt in der Senkrechten) verteilen. Unerwünscht sind hierbei insbesondere Quirlbildungen, das heißt mehr als zwei Astabgänge pro Etage der Stammverlängerung (siehe auch Seite 23).

Außerdem sollten sogenannte Astgabeln entfernt werden. Dies vor allem, da diese bei Belastung, wie durch Windböen, Schnee oder Eisauflage, in hohem Maße bruchgefährdet sind. Astgabeln finden sich häufig als steil abgehende Konkurrenztriebe der Stammverlängerung. Unter den Obstbäumen neigen vor allem Pflaumen, Zwetschgen und Mirabellen sehr zur Bildung solcher Aststellungen.

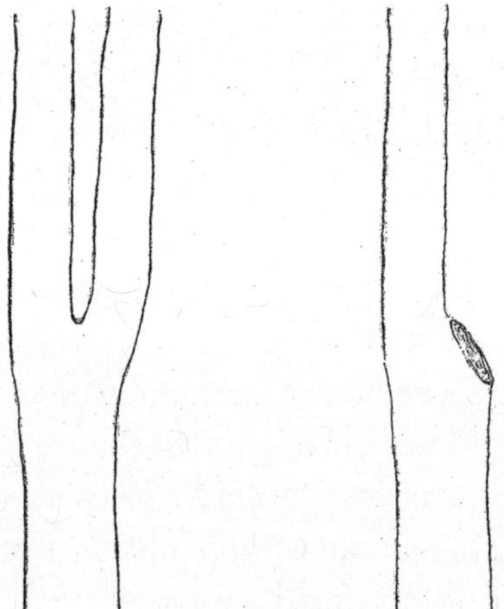

Astgabel vor und nach dem Entfernen

Erhaltungsschnitt und Auslichtungsschnitt bei Kernobstgehölzen und Steinobstgehölzen, ab 5. Jahr

❍ Äpfel und Birnen

Apfelbäume und Birnbäume sollten etwa alle fünf Jahre beschnitten werden. Weiteres dazu siehe ab Seite 21 unter »Allgemeiner Auslichtungsschnitt«.

Wie bei den meisten Obstsorten ist auch bei Apfelbäumen die Wahl der sogenannten »Unterlage«, also das, was bei veredelten Bäumen als Wurzel fungiert, von großer Bedeutung für die Endgröße(!), die Standfestigkeit, die Bodenansprüche und auch die Lebensdauer des Baumes (siehe hierzu auch die Illustration auf Seite 103). Hierzu gilt:

- *Bei großen Gartengrundstücken oder Obstwiesen empfiehlt sich die Pflanzung eines »Hochstammes« (der üblicherweise auf einem sehr stark wachsenden Sämling veredelt wurde).*
- *Für normal große Gartenräume ist die Pflanzung eines (später auch als Schattenbaum geeigneten) »Halbstammes« zu empfehlen. Halbstämme werden meist auf den stark bis mittelstark wachsenden Unterlagen »M 25« oder »A 2« veredelt.*
- *Ist weniger Platz vorhanden und ist auch kein Schattenbaum gewünscht, sind Apfelbäume auf mittelstark wachsenden Unterlagen wie »M 4«, »M 7« oder »MM 106« die passende Wahl.*
- *Für sehr kleine Gartenräume empfehle ich Apfelbüsche auf schwach wachsenden Unterlagen wie »M 26«, »M 27« oder »M 9« (jeweils Anpfählen notwendig) sowie Sorten der sehr schmal wachsenden »Ballerina«-Apfelbüsche.*

Die meisten **Birnbäume** benötigen zur Ausbildung einer optimalen Fruchtqualität einen warmen Standort, vergleichbar dem Weinbauklima. Wo solche Bedingungen nicht gegeben sind, bleibt das Fruchtfleisch in vielen Jahren ohne Schmelz und wenig aromatisch – mitunter schmecken die Früchte sogar »rübig«. Um dies zu vermeiden, empfiehlt sich außerhalb der Weinbaugebiete für Birnbäume eine Kultur als Spalier an einer (Süd-)Wand.

Außerdem: Birnbäume sind selbstunfruchtbar, das heißt, sie benötigen für Befruchtung und Fruchtansatz die Anwesenheit einer weiteren Birnensorte. Weil Birnbäume in besiedelten Bereichen jedoch weit verbreitet sind, ist die Befruchtung der Blüten meistens gut gewährleistet.

Spezialfall Spalierobst

Im Gegensatz zu den hier beschriebenen Schnitttechniken wird beim Erhaltungsschnitt und Auslichtungsschnitt von Kernspaliergehölzen deren Habitus bewusst zerstört. Gewünscht ist der ausgesprochen kompakte (kleinwüchsige) Obstbaum.

Dazu wird zunächst ausgelichtet, siehe dazu ab Seite 21. Dann werden ***alle*** *einjährigen (vorjährigen) Triebe bis auf etwa zwei verbleibende Knospen radikal zurückgeschnitten. Fertig.*

❍ *Süßkirschen*

Beim Aufbau eines Kronengerüstes ist bei Süßkirschen darauf zu achten, dass pro Etage, auf der die Leitäste dem Stamm entspringen, nicht mehr als zwei bis drei Äste belassen werden. Dies geschieht, um der häufig bei Kirschen zu beobachtenden Quirlbildung entgegenzuwirken. Außerdem sollten vor allem noch zu dicht stehende und nach innen wachsende Triebe entfernt werden.

Da Süßkirschen von Natur aus einen eher transparenten Kronenaufbau besitzen, brauchen sie nach dessen Aufbau kaum bis gar nicht beschnitten zu werden. In späteren Jahren, etwa ab dem zehnten Standjahr, kann ein behutsames Auslichten jedoch die vermehrte Bildung von Fruchtholz fördern. Ein solcher Auslichtungsschnitt kann etwa alle fünf bis zehn Jahre wiederholt werden (siehe ab Seite 21 und Seite 48).

Sämtliche Süßkirschensorten sind selbstunfruchtbar, also für die Befruchtung auf eine weitere Süßkirschensorte angewiesen. Darüber hinaus ist nicht jede Süßkirschensorte zur Befruchtung einer anderen geeignet (Kreuzungsunverträglichkeit). Allerdings können Sie davon ausgehen, dass in unseren Siedlungen geeignete und für die bestäubenden Insekten erreichbare Befruchtungspartner anwesend sind.

Trotz erfolgversprechender Versuche ist es noch nicht gelungen, wirklich kleinwüchsige Süßkirschbäume zu züchten. So erreichen auch die auf der schwächer wachsenden Unterlage 'Gisela' veredelten Bäume Größen von bis zu acht Metern. Folglich ist bei einer Kaufentscheidung zu berücksichtigen, dass sich die Jungpflanzen (inklusive der niedrig veredelten Büsche!) im Laufe von Jahren zu voluminösen Bäumen entwickeln werden. Sie sollten Ihre Leiter also doch nicht ganz so weit hinten in der Garage ...

❍ *Sauerkirschen*

Der höchste Fruchtbehang findet sich bei Sauerkirschen am einjährigen (vorjährigen) Holz. Aus diesem Grund werden Sauerkirschbäume im Gegensatz zu den bisher genannten Obstbaumarten verhältnismäßig scharf und ohne allzu große Rücksicht auf ihren Habitus beschnitten, wenn ein hoher Fruchtbehang und Ertrag gewünscht sind.

Beim Schnitt ist – wie bei allen Obstarten – darauf zu achten, dass die Krone ausreichend licht gehalten wird, sodass die Früchte gut ausreifen können. Sauerkirschbäume werden jedes Jahr beschnitten.

Um eine ausreichende Neubildung einjähriger Triebe zu gewährleisten, werden insbesondere herabhängende Zweige entfernt. Meist geschieht dies durch Ableiten auf einen über

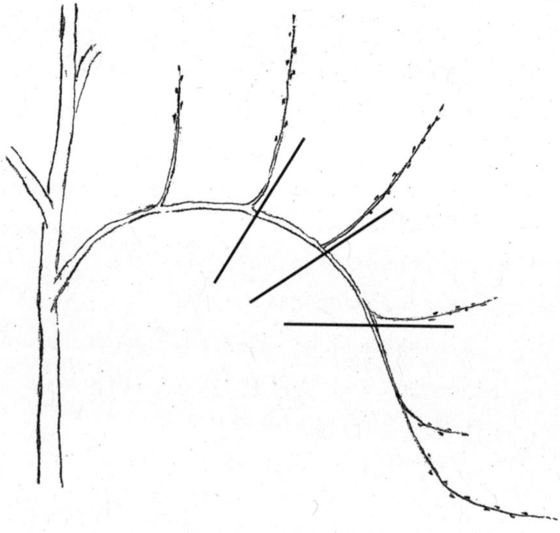

Sauerkirsche: mögliche Schnittstellen

der hängenden Zweigpartie entspringenden mehr oder minder senkrecht wachsenden Trieb (siehe Seiten 36, 41).

Vor allem, wenn aus Mangel solch »senkrecht« wachsender Triebe ein Ableiten unmöglich ist, kann der herabhängende Zweig jedoch auch ohne Rücksicht auf solche Verzweigungen »irgendwo«, das heißt gänzlich ohne Berücksichtigung von bestehenden Verzweigungen oder Knospen in das ältere Holz des jeweiligen Triebes zurückgeschnitten werden. Das »irgendwo« meint *die* Stelle, die Sie hinsichtlich der äußeren, gewünschten Umrissform Ihres Kirschbaumes für richtig erachten. Auch hier gilt: Die Chefin, der Chef sind Sie.

Am Ende der dadurch entstehenden Stümpfe wird sich in der Regel im Frühling nach dem Schnitt eine ganze Reihe neuer Austriebe entwickeln. Wachsen diese Triebe zu dicht auf, werden sie im folgenden Jahr bis auf etwa zwei verbleibende Triebe pro Aststumpf entfernt.

Damit die Schnittwunden an den Enden der nun entstandenen Aststummel besser verheilen, werden im nächsten Jahr die »baumauswärts« der jungen Austriebe verbliebenen Aststummel entfernt.

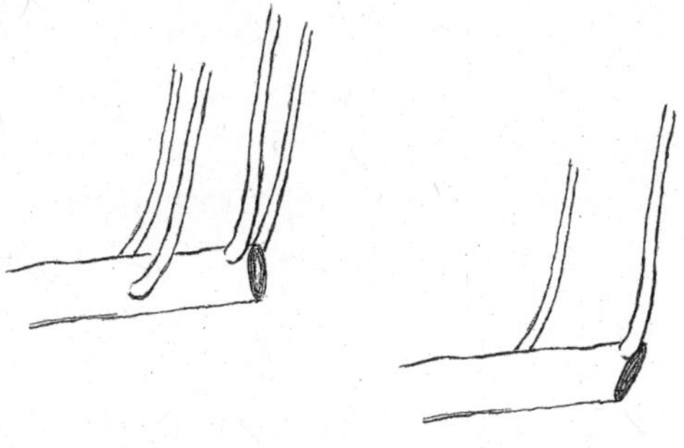

Austrieb einer Sauerkirsche nach scharfem Rückschnitt (links) und nach korrigiertem Rückschnitt im folgenden Jahr (rechts)

❍ *Pflaumen, Zwetschgen, Mirabellen, Renekloden und Quitten*

Nach dem Aufbau eines Kronengerüstes beschränkt sich die Pflege im Wesentlichen auf den »Allgemeinen Auslichtungsschnitt« (siehe ab Seite 21), etwa alle fünf Jahre.

Quitten sind im Holz vergleichsweise empfindlich gegenüber Winterfrösten. Aus diesem Grund empfiehlt sich ein Schnitt in den Monaten März oder April.

❍ *Pfirsiche*

Für all jene, die ihren Pfirsichbaum vornehmlich und auch als schönes Gestaltungselement in ihrem Garten gepflanzt haben, gilt für dessen Pflege das ab Seite 21 unter »Allgemeiner Auslichtungsschnitt« Geschriebene.

Wollen Sie im Unterschied hierzu vor allem einen mehr oder minder optimalen Ertrag, gilt das Folgende:

Pfirsichbäume blühen und fruchten ausschließlich am vorjährigen Holz, das heißt an jenen Trieben, die sich im vergangenen Jahr neu gebildet haben. Für einen reichen Fruchtbehang ist ein jährlicher Rückschnitt erforderlich. Dazu werden der Leittrieb und die Seitentriebe Ihres Baumes auf günstig stehende Verzweigungen der jüngsten, das heißt einjährigen Triebe abgeleitet.

Günstige Verzweigungen sind solche, die mit Blattknospen **und** mit Blütenknospen besetzt sind. Ungünstige Verzweigungen (»Falsche Fruchttriebe«) besitzen lediglich an der Spitze eine Blattknospe und auf ihrer gesamten Länge Blütenknospen. Da diese jedoch nicht ausreichend versorgt werden, bringen sie nur geringfügig Früchte hervor.

Bei reichem Fruchtbehang werden die Früchte – wenn sie etwa die Größe von Kirschen erreicht haben – auf ein bis zwei Handbreit Abstand ausgedünnt.

Pfirsichbäume sind sehr wärmebedürftig. Außerhalb der Weinbauregionen ist ihr Anbau deshalb nur in windgeschützten und spätfrostfreien Südlagen sinnvoll. Darüber hinaus reagieren Pfirsichbäume empfindlich gegenüber anhaltend tiefen Wintertemperaturen, Spätfrösten, stauender Bodennässe sowie extremer Bodentrockenheit, Letzteres insbesondere kurz vor der Obstreife.

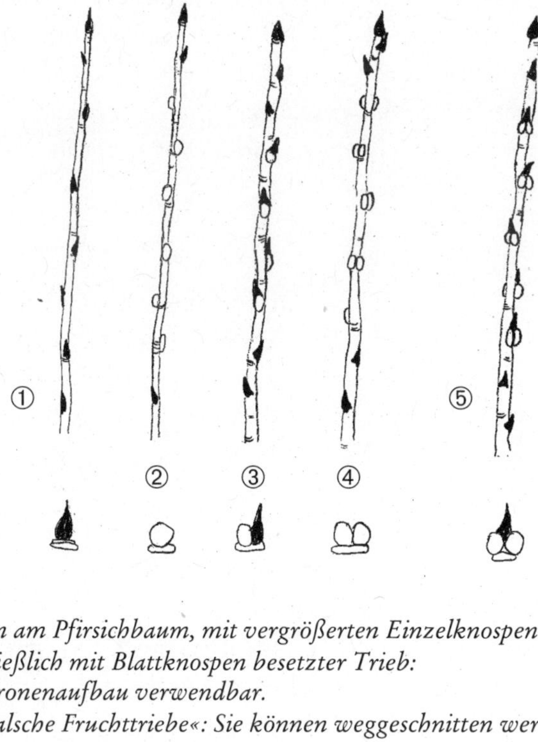

Triebarten am Pfirsichbaum, mit vergrößerten Einzelknospen:
① *ausschließlich mit Blattknospen besetzter Trieb: für den Kronenaufbau verwendbar.*
② – ④ *»Falsche Fruchttriebe«: Sie können weggeschnitten werden.*
⑤ *»Wahrer Fruchttrieb«: für Fruchtertrag und Neutriebbildung wertvoll.*

❍ *Aprikosen*

Im Gegensatz zu Pfirsichbäumen werden Aprikosenbäume nach erfolgtem Kronenaufbau nur noch durch jährliches Auslichten gepflegt (siehe ab Seite 21 unter »Allgemeiner Auslichtungsschnitt«).

> *Da Aprikosenbäume Temperaturschwankungen während der Vegetationsruhe schlecht vertragen, sollte ein guter Standort insbesondere windgeschützt gelegen sein. Außerdem blühen Aprikosenbäume früh und sind deshalb spätfrostgefährdet.*
>
> *Ein guter Wuchsort ist also eine Stelle, die sich erst später im Frühjahr erwärmt. Dies können zum Beispiel Bereiche im weiteren Schlagschatten von Gebäuden sein. Werden Aprikosen an Mauern oder Wände gepflanzt, ist aus demselben Grund im Frühjahr ein Sonnenschutz zu empfehlen. Aprikosenbäume sind selbstfruchtbar, brauchen also keinen weiteren Aprikosenbaum, der sie befruchtet.*

❍ *Kiwis*

Die folgende Anleitung ist nur von Relevanz, wenn Sie ausdrücklich einen »guten Ertrag« wünschen. Sollte dies für Sie, zum Beispiel, weil Sie die Kiwi vornehmlich als Rank- und Schattenpflanze verwenden möchten, nicht im Vordergrund stehen, beschränkt sich der Schnitt auf ein »Im-Schach-Halten«.

Ansonsten gilt: In den ersten drei bis fünf Jahren nach der Pflanzung sind die Ranken der Kiwipflanze so zu leiten, dass sie das Gerüst, an dem sie festgebunden werden, möglichst gleichmäßig bedecken. Ein Schnitt ist in den ersten Jahren in der Regel nicht erforderlich.

Wenn nach einer Reihe von Jahren die Fruchtbarkeit der Kiwipflanze nachhaltig eingesetzt hat und durch die dann so zahlreich gebildeten Früchte deren Größe nachzulassen beginnt (die Pflanze kann mit ihrer natürlich begrenzten Energie wenige Früchte besser versorgen als viele), werden die aus den gerüstbildenden Haupttrieben entspringenden Seitentriebe auf fünf bis sechs Blätter oberhalb der Früchte gekappt. Bester Zeitpunkt dafür ist im Juli und August. Ziele dieser Schnittmaßnahme sind eine verbesserte Belichtung der Früchte und eine Stärkung der verbliebenen Knospen.

In unseren Klimabereichen gedeiht die Kiwipflanze am besten im Weinbauklima. Jedoch kommen Kiwis – an geschützte Südostwände oder Südwestwände gepflanzt – auch in unserem sonstigen Klima zurecht. Da die Pflückreife der Früchte erst ab November einsetzt, sind sie mitunter durch Frühfröste gefährdet.

Kiwipflanzen sind von Natur aus zweihäusig. Zweihäusig bedeutet, dass es Pflanzen mit männlichen und Pflanzen mit weiblichen Blütenanlagen gibt. Entsprechend wären für eine erfolgreiche Befruchtung und Bildung von Früchten also zwei Pflanzen erforderlich. Infolge von Züchtungsarbeit vereinen die meisten der im Handel befindlichen Kiwisorten mittlerweile jedoch beide Geschlechter auf einer Pflanze und können sich somit selbst befruchten.

Beerensträucher

❍ Johannisbeeren, Stachelbeeren und Jostabeeren

Bei der **Pflanzung** von Johannisbeersträuchern, Stachelbeersträuchern und Jostabeersträuchern werden vier bis sechs der stärksten Triebe belassen, alle anderen werden an der Pflanzenbasis, das heißt dort, wo die Triebe entspringen, entfernt. Zum Schnitt der Wurzeln siehe Seite 27.

Ab dem dritten bis fünften Standjahr und ab dann in einem Turnus von etwa drei Jahren ist ein **Auslichtungsschnitt** erforderlich. Ziel ist es, die Bildung neuer, ertragreicher Triebe anzuregen sowie den Wuchs der Pflanze eher locker zu halten. Durch diese so gewünschte lockere Aststellung können die angesetzten Früchte infolge ausreichender Besonnung ein volles Aroma entwickeln und sind außerdem gut zu ernten. Letzteres gilt vor allem bei Stachelbeeren.

Um dies zu erreichen, brauchen bei älteren Pflanzen *nur* die alten Triebe entfernt zu werden. Alte Triebe erkennt man vor allem an ihrer im Vergleich zu den meisten anderen Trieben der Pflanze erheblich größeren Dicke und regelmäßig auch an ihrer dickeren Borke. Alt und damit mehr oder minder »abgetragen« sind Triebe ab einem Alter von etwa acht Jahren. Bei noch jüngeren Pflanzen werden auch weniger alte Triebe aus der Pflanze herausgeschnitten. Für die Schnitt-Entscheidungen sollten Sie sich vom Bild eines eher lockeren und eben nicht dicht aufgebauten Strauches leiten lassen.

Die abzuschneidenden Triebe werden dabei – wie bei allen rasch vergreisenden Sträuchern (siehe ab Seite 62) – möglichst dicht über dem Boden abgeschnitten. Meist ergibt sich durch einen solchen Schnitt bereits die erwünschte lichte Stellung der Zweige. Sollte dies nach dem Entfernen der alten Triebe noch nicht gegeben sein, kann auch unter den jungen Trieben zu dicht Stehendes entfernt werden.

Die Stämmchenformen von Johannisbeeren und Stachelbeeren sollten zu ihrer Standsicherheit Zeit ihres Lebens an einem Stützpfahl angebunden sein.

Eine weit verbreitete Erkrankung bei Stachelbeeren und (weniger häufig) bei Schwarzen Johannisbeeren ist der Amerikanische Stachelbeermehltau. Der Amerikanische Stachelbeermehltau ist ein Pilz, der Blätter und Triebe mit einem weißen pudrigen Belag überzieht. Von ihm befallene Endknospen kümmern.

Da der Pilz auf den Spitzen der Triebe überwintert, lässt er sich gut durch deren Abschneiden eindämmen. Schnittzeitpunkt: Nachwinter. Um die Wiederansteckung der Sträucher zu verhindern, sollten die abgeschnittenen Triebspitzen nicht auf den Kompost gelangen, sondern mit dem Grünabfall entsorgt werden.

❍ *Heidelbeeren*

Heidelbeerbüsche bauen sich im Vergleich zu anderen Beerensträuchern langsam auf. So sollte ein Schnitt während der ersten drei bis fünf Standjahre ganz unterbleiben.

Danach erfolgt ein **behutsamer** Auslichtungsschnitt unter Herausnahme zu dicht stehender Triebe, die ein gewünscht locker stehendes Astgerüst behindern.

Bei älteren Pflanzen – das heißt ab einem Alter von etwa zehn Jahren – werden auch alte und nur noch wenig ertragreiche Triebe entfernt. Wie allgemein bei zu verjüngenden

Sträuchern, erfolgt der Schnitt alter Triebe dicht über dem Boden. Schnitthäufigkeit: je nach Wüchsigkeit alle drei bis fünf Jahre.

> *Wie auch bei den allermeisten anderen Beerensträuchern: Bei einem Auslichtungsschnitt werden die Spitzen der Heidelbeertriebe nicht eingekürzt: Bei Heidelbeeren erfolgt dort der stärkste Ansatz von Blüten und Beeren.*

❍ *Himbeeren*

Bei Kultur-Himbeeren werden einmaltragende und zweimaltragende Sorten unterschieden. Einmaltragend sind zum Beispiel die Sorten 'Zefa 2' oder'Schönemann', zweimaltragend 'Korbfüller' oder 'Zefa Herbsternte'.

Alle Himbeersorten werden zum **Pflanzen** auf ein bis zwei Drittel ihrer Rutenlänge zurückgeschnitten.

Himbeeren pflanzt man am besten in der Reihe. Der Pflanzabstand in der Reihe sollte etwa 30 Zentimeter betragen. Da die Himbeerruten bis über zwei Meter lang werden und dann über einen entsprechenden Radius verfügen können, empfiehlt es sich – vor allem auf nährstoffreichen, fetten Böden –, die Ruten an einem Gerüst festzubinden.

- **Einmaltragende Sorten** erzielen die größten Erträge am zweijährigen Holz. Entsprechend werden die (zweijährigen, dann seitlich verzweigten) Triebe nach der Ernte bis zum Boden abgeschnitten. Im Unterschied hierzu werden die einjährigen Triebe hingegen für die Ernte im darauffolgenden Jahr belassen.

- Im Unterschied zu den einmaltragenden Sorten bringen sogenannte **herbsttragende oder auch zweimaltragende Sorten** bereits an ihren einjährigen beziehungsweise diesjährigen Ruten im Herbst Früchte hervor. Im zweiten Jahr reifen die ersten Früchte dann schon zwischen Ende August und Anfang September, die Ernte dauert bis zum Frost an. Wünscht man im Folgejahr nur eine Ernte im Herbst, werden im Winter zuvor alle Ruten nach der Ernte bodeneben abgeschnitten. **Hingegen** ... und hier wird es langsam unübersichtlich: Kürzt man die einjährigen oder diesjährigen Ruten nur ein und entfernt sie nicht, dann tragen diese im Folgejahr nochmals im Sommer. Spätestens im zweiten Jahr sind diese Ruten nach der Ernte zu entfernen. Sie sind dann »abgetragen«, bringen also nur noch wenige bis keine Früchte mehr hervor.

Insgesamt erscheint es **empfehlenswert,** die herbsttragenden Sorten nur für die Herbsternte zu nutzen und für eine Ernte im Sommer einmaltragende Sorten anzubauen.

Eine weit verbreitete Krankheit bei den einmaltragenden Himbeersorten ist das sogenannte Rutensterben. Einem Befall mit diesem Pilz kann am sichersten dadurch vorgebeugt werden, dass die abgeernteten, zweijährigen Triebe möglichst bald nach der Ernte dicht über dem Boden abgeschnitten werden.

❍ *Brombeeren und Taybeeren*

Da Brombeeren und die Kreuzungen aus Brombeeren und Himbeeren (zum Beispiel Taybeere, Loganbeere, Boysenbeere) ausschließlich als Containerware oder Topfware gehandelt werden, brauchen sie bei der **Pflanzung** nicht beschnitten zu werden.

Brombeeren und ihre Kreuzungen verjüngen sich aus dem Wurzelstock. Die Ranken erzielen ihre höchsten Fruchterträge im zweiten Jahr. Wer den Ertrag optimieren will, schneidet die Seitentriebe (»Geiztriebe«), die an den einjährigen Trieben im Laufe des Sommers entstehen, noch im Verlauf desselben Sommers auf drei bis vier Augen (Knospen) zurück.

Als abgetragen gelten Ranken, die älter als zwei, maximal drei Jahre sind. Sie werden ganz entfernt. Da die Triebe von Brombeeren und deren Kreuzungen bis zu fünf (die Sorte 'Theodor Reimers' sogar bis zu acht) Meter lang werden können, empfiehlt es sich dringend, sie an einem Gerüst festzubinden.

> *Bei Temperaturen unter minus 15 °C kann es an Brombeeren und deren Kreuzungen zu Frostschäden durch Erfrierungen kommen.*
>
> *Manch einer wünscht sich nicht bestachelte Brombeerpflanzen. Diese »Friedfertigkeit« erkauft man sich – jedenfalls im aktuellen Brombeerpflanzensortiment suchend – allerdings mit einem eher mäßigen Fruchtaroma.*

Tafeltrauben

Vitis vinifera Hybr.

Im Folgenden werden hausgartenangepasste Schnitttechniken, **nicht** jedoch solche des Erwerbsweinbaus erläutert. Diese Ausführungen beinhalten vor allem den Wunsch nach einem »guten und hochwertigen Ertrag« **sowie** den nach einer mehr oder minder schmückenden Fassadenbegrünung.

In (all) den Fällen, in denen ein Weinstock vornehmlich als Schattenpflanze, zum Beispiel als Rankpflanze an einem Sitzplatz, verwendet wird, sind diese speziellen Techniken **nicht** erforderlich. Hier kann der Pflanzschnitt entfallen und alle späteren Schnittmaßnahmen können sich auf bloßes »Im-Zaum-Halten« beschränken.

Pflanzschnitt

Bis auf einen Trieb werden an der Jungpflanze alle weiteren Triebe entfernt. Je nach gewünschtem Ansatz der ersten Verzweigung (dies richtet sich in der Regel nach dem Klettergerüst), wird dieser Trieb meist auf eine Länge zwischen 30 und 80 Zentimetern zurückgeschnitten.

Erziehung entlang von Rankgerüsten

Mit dem Beginn des Frühjahrs wird der verbliebene Trieb ausschlagen. Den obersten Trieb dieses Ausschlages leitet man als Leittrieb nach oben. Zwei der unterhalb dieses Triebes entspringenden Verzweigungen werden nach rechts und nach links entlang des Rankgerüstes geleitet. Weitere Ausschläge werden weggeschnitten.

Mit Ausgang des kommenden Winters wird der Leittrieb dann in etwa auf Höhe der nächsten Etage des Pflanzgerüstes zurückgeschnitten. Im kommenden Frühling wird der oberste Trieb nach oben, zwei darunter entspringende Triebe werden zu den Seiten geleitet. Nach diesem Prinzip kann man im Laufe der Jahre mehrere Etagen übereinander erziehen.

Die Triebe entlang des Rankgerüstes werden pro Jahr 30 bis 80 Zentimeter weitergeleitet. Das heißt, dort erfolgt (im Nachwinter) auch deren Schnitt. Von den an dieser Stelle entspringenden Trieben wird wiederum einer am Rankgerüst weitergeleitet, die restlichen Seitenverzweigungen werden bis auf kurze Stummel von je zwei bis drei Augen (Knospen) zurückgeschnitten. Aus diesen Knospen entwickeln sich im nächsten Frühjahr Triebe und an diesen dann Ihre ersehnten Weintrauben.

Zudem ist es möglich, eine Etage zunächst über einen Zeitraum von zwei bis drei Jahren aufzubauen, bis dann ein Trieb in der Mitte des Rankgerüstes zum Aufbau einer weiteren Etage nach oben geleitet wird.

Für das Festbinden der Triebe ist Bast gut geeignet. Je nach gewählter Materialstärke fällt er nach einer Weile ganz von alleine ab und kann so nicht einwachsen. Gebunden wird je nach Bedarf, also in der Regel in den Monaten Juni bis August.

Weintrauben sind in der Lage, sich selbst zu bestäuben. Das heißt, dass für den Ansatz von Früchten eine Pflanze reicht.

Wer sich die Arbeit machen will, kann das Ausreifen und die Fruchtqualität der Weintrauben durch folgende Maßnahmen weiter verbessern:

- Alle anscheinend wahllos aus dem alten Holz entstehenden (Wasser-)Schosse durch »Ausbrechen« entfernen: etwa ab Mitte Juni.
- Alle restlichen Triebe auf etwa die Hälfte der Trieblänge einkürzen: ab Juli.
- Aus den Blattachseln der Haupttriebe entspringende Seitentriebe (Geize) enfernen: ab Juli.

Schnitt bei aufgebauten Reben

Im hier genannten Fall sind Reben aufgebaut, wenn diese – wie gewünscht – ihr Rankgerüst komplett bewachsen. Bei den so aufgebauten Reben werden etwa 98 Prozent des vorhandenen einjährigen Holzes im Nachwinter entfernt. Der Schnitt erfolgt, wie oben genannt, bis auf kurze Stummel von zwei bis drei Augen (Knospen).

Die weitere Pflege ist dem oben stehenden Absatz (beginnend mit »Wer sich die Arbeit machen will, kann das Ausreifen ...«) zu entnehmen.

Nadelgehölze

Nadelgehölze wie Fichten *(Picea)*, Tannen *(Abies)*, Kiefern *(Pinus)*, Wacholder *(Juniperus)* oder auch Zedern *(Cedrus)* entwickeln naturgemäß einen ausdrucksstarken Wuchs. Deshalb sei wie im Kapitel »Laubgehölze mit einem besonderen Wuchs« (siehe Seite 58) angemerkt:

Pflanzenarten und Pflanzensorten, die vor allem durch ihren besonderen Wuchs wirken, werden im Grundsatz nicht geschnitten.

Eine Ausnahme bilden solche Pflanzen, die als Hecke oder Formgehölz eingesetzt werden. Besonders häufig sind dies gegenwärtig Scheinzypresse *(Chamaecyparis)*, Lebensbaum *(Thuja)* und die so schöne Eibe *(Taxus)*.

Beim Schnitt der beiden erstgenannten Arten ist unbedingt zu beachten, dass dieser nur bis in die »grünen Teile« erfolgen darf. »Braune Teile« von Scheinzypresse und Lebensbaum treiben nicht wieder durch und **bleiben kahl!**

Aus der Gruppe der Nadelgehölze wird die Strauch-Kiefer *(Pinus mugo)* als 1 bis 2 Meter hohe Heckenpflanze gärtnerisch aktuell eher wenig verwendet. Bedauerlich, kann man mit dieser und zusammen mit höheren Gartengräsern sowie Stauden doch bezaubernde Pflanzenbilder schaffen.

Bei der Strauch-Kiefer lässt sich ein besonders dichter und kompakter Wuchs durch das Einkürzen der Neutriebe, der »Kerzen«, erzielen. Dazu wird in der Zeit zwischen 25. Mai und 10. Juni etwa die Hälfte dieser Kerzen bei allen Trieben abgeschnitten.

Düngung

Neben Sonne und Wasser brauchen Pflanzen zum Wachsen Nährstoffe. Die meisten dieser Nährstoffe sind im Boden in einer ausreichenden Menge enthalten. Besonders bindige, lehmige Böden vermögen viele Nährstoffe über lange Zeiträume festzuhalten. Während manche Nährstoffe wie etwa Stickstoff über Niederschläge ständig neu in die Böden gelangen, kann es bei manchen Nährstoffen jedoch auch zu einer Unterversorgung kommen.

Vor allem auf sehr leichten, sandigen Böden oder auch bei intensiveren Gartenkulturen wie etwa beim Gemüseanbau sind zusätzliche Düngergaben für ein befriedigendes Wachstum von Pflanzen und Früchten notwendig.

Folgende Erkenntnis ist hierbei von Bedeutung: Unter den verschiedenen Nährstoffen, die eine Pflanze zum Gedeihen braucht, wirkt **jener** Nährstoff wachstumsbegrenzend, der mangelhaft verfügbar ist.

Dieser von Justus von Liebig (1803–1873) als Minimumgesetz benannte Lehrsatz bedeutet im bildhaften Vergleich: Eine Pflanze kann erst dann zufriedenstellend wachsen und fruchten – *ein Fass kann erst dann überlaufen* –, wenn alle einzelnen Nährstoffansprüche der Pflanze gestillt sind – *wenn alle Löcher des Fasses gestopft sind.*

Perfekt (*nicht* gleichbedeutend mit: zwingend ratsam) ist die Düngung nach den Ergebnissen einer Bodenprobe. So kann es empfehlenswert sein, eine Bodenprobe zu Beginn der Wachstumsperiode durchführen zu lassen. Aufgrund der hierbei eigens für Sie ermittelten Düngeempfehlung sind Sie in der Lage, Ihre Pflanzen bedarfsgerecht zu düngen. So lassen sich Nährstoffverluste durch Auswaschung in Oberflächengewässer sowie in das Grundwasser minimieren. Und auch der Geldbeutel bleibt von möglicherweise unnötigen Ausgaben für Dünger verschont.

Eine Bodenprobe empfiehlt sich spätestens dann, wenn die Pflanzen in Ihrem Garten auch nach der Gabe von Volldüngern Mangelsymptome aufweisen. Meist fehlen dann sogenannte Mikro- oder auch Spurenelemente.

Bodenanalyse-Institute sind sind im Internet unter Eingabe des Begriffes »Bodenanalyse« sowie dem Namen Ihres Landes (und gegebenenfalls noch Ihrer Region) zu finden.

Volldünger

Bei handelsüblichen Volldüngern lassen sich hauptsächlich zwei Arten unterscheiden: künstliche Volldünger und organische Volldünger.

- **Künstliche Volldünger:** Sie enthalten neben Spurenelementen vor allem die drei Pflanzenhauptnährelemente Stickstoff (N), Phosphor (P) und Kalium (K). Entsprechend werden diese auch »NPK-Dünger« genannt. Vor allem bei feuchter Witterung können die Nährelemente aus künstlichen Volldüngern schnell pflanzenverfügbar sein. Soll der ausgebrachte Dünger also nicht ungenutzt in das Grundwasser ausgewaschen werden (insbesondere bei sandigen Böden), empfiehlt sich eine Düngung mit Ausgang des Winters, ab Mitte Februar.

- **Organische Volldünger:** Ähnlich gut, dabei aber deutlich ökologischer, versorgt man seinen Boden mit organischen Düngern. Häufig gegebene organische Dünger sind Hornspäne oder Hornmehl.

Der wohl »ganzheitlichste« Volldünger ist **Kompost:**

Er verbessert die Lebensbedingungen für Pflanzen im Gegensatz zu künstlichen und organischen Volldüngern **nachhaltig** – und nicht nur kurzfristig. Nicht zuletzt blüht dadurch auch das Bodenleben – und damit in einer Handvoll (Wald-)Erde mehr Organismen als die derzeitige Weltbevölkerung von rund 7,8 Milliarden Menschen – erfreulich auf.

Während alle drei genannten Dünger den Nährstoffgehalt des Bodens erhöhen, verbessert Kompost als »Bodenverbesserungsstoff« zudem das Wasserbindevermögen des Bodens, führt zu einer verlangsamten Abgabe von Nährelementen, zur Lockerung der Bodenstruktur und einer Belebung des Bodenlebens.

Die Nährstoffzusammensetzung Ihres Kompostes hängt natürlich vom kompostierten Material ab und kann demgemäß auch einen Mangel an bestimmten Nährstoffen aufweisen. Bei größeren Gärten ist eine großflächige Bodenverbesserung mit Kompost zudem aufwendig. Eine gute Kompostwirtschaft lässt sich allerdings leicht lernen.

Zum Thema Kalk

Kalk oder genauer Kalzium und Magnesium haben eine besondere Bedeutung für das Bodenleben und die Fruchtbarkeit eines Bodens. Wie eine Art Klebstoff sind sie in der Lage, Tonminerale zu größeren Gefügen zusammenzufügen.

An diese größeren Gefüge können sich wiederum verschiedene Pflanzennährstoffe anlagern. Diese Anlagerung ist so fest, dass nicht, wie zum Beispiel bei sehr leichten, sandigen Böden, die Gefahr besteht, dass sie gleich wieder durch Bodenwasser ausgewaschen werden. Damit sind Kalzium und Magnesium entscheidende Elemente für natürlich fruchtbare Böden.

Kommen Tonminerale in Verbindung mit Humus vor, nennt man das Ton-Humus-Komplexe. Dieser Zusammenschluss kommt nicht automatisch zustande, sondern geschieht ausschließlich durch Regenwürmer! Diese fressen Boden und verbinden, unter Zuhilfenahme der »Klebstoffe« Kalzium und Magnesium, beides zu einem stabilen Komplex.

Mit diesen Eigenschaften sind Kalzium und Magnesium eine elementare Grundlage für natürlich fruchtbare Böden. Daneben sind sie als direkte Nährstoffe für die Pflanzen von Bedeutung.

Ebenso gilt aber: Kalk wirkt humuszehrend. So führt ein Zuviel an Kalzium und Magnesium zu einem verstärkten Abbau von Humus und damit zu einer erhöhten Nährstofffreisetzung. Zu einer Zeit, als die Düngung mittels künstlichen Düngern noch nicht verbreitet war, sagt(e) denn auch eine Bauernregel: »Kalk macht reiche Väter und arme Söhne.«

Bei einer regelmäßigen moderaten Gabe von Kompost, der mit Gesteinsmehl angereichert wurde, ist eine spezielle

Düngung mit Kalk eventuell auch gar nicht erforderlich. Im Zweifel empfiehlt sich eine Bodenuntersuchung.

Kalkgaben im erwerbsgärtnerischen Bereich und im Hausgarten

Boden	Kalkgabe als	Erhaltungskalkung m² / Jahr	Gesundungskalkung* m² / Jahr
leicht	kohlensaurer Kalk, Muschelkalk	• Erwerbsgarten: etwa 150 g • Hausgarten: etwa 50 g	• Erwerbsgarten: 180–270 g • Hausgarten: 60–90 g
mittel-schwer	kohlensaurer Kalk, Muschelkalk	• Erwerbsgarten: etwa 220 g • Hausgarten: etwa 70 g	• Erwerbsgarten: 70–360 g • Hausgarten: 90–120 g
schwer	• Erwerbsgarten: Branntkalk • Hausgarten: kohlensaurer Kalk, Muschelkalk	• Erwerbsgarten: etwa 250 g • Hausgarten: etwa 80 g	• Erwerbsgarten: 300–400 g • Hausgarten: 100–130 g

* Die Gesundungskalkung betrifft gärtnerisch genutzte Böden, bei denen der pH-Wert durch (saure) Niederschläge und lange ausgebliebene Kalkgaben unter einen meist gewünschten Wert von 6 bis 7 abgesunken ist.

Neupflanzung

Die Pflanzzeit

Die meisten Gehölze werden heutzutage im **Topf** oder **Container** angeboten und können damit grundsätzlich jederzeit gepflanzt werden.

Allerdings ist zu bedenken, dass frisch gepflanzte Gehölze noch nicht oder nur schwach mittels ihrer Wurzeln mit dem umgebenden Erdreich verwoben sind. Vor allem in Phasen extremer Wetterlagen, wie in trockenen Hochsommern oder auch während winterlicher Starkfrostperioden, kann es für die Pflanze schwierig werden, ausreichend Wasser aufzunehmen. Steht die Pflanze dann noch windexponiert, sind Trockenschäden meist vorprogrammiert.

Wer also sichergehen will (und nicht ständig mit der Gießkanne), pflanzt auch Topf- und Containerpflanzen am besten im Herbst. Diese Zeit ist für die meisten Pflanzen optimal, weil sie dann schon ab dem kommenden Spätwinter in den umgebenden Boden einwurzeln können.

Dies, weil das Wachstum der Wurzeln deutlich vor dem der Triebe, nämlich schon im Februar beginnt. Wird so gepflanzt, haben die Pflanzen – bereits ein wenig eingewurzelt – sehr gute Startbedingungen für ihr Triebwachstum im folgenden Frühjahr.

Ballenlose, wurzelnackte Gehölze werden ausschließlich in den Monaten der Vegetationsruhe gepflanzt. Abhängig vom Blattfall und dem Blattaustrieb entspricht das der Zeit von Ende November bis Mitte April.

Gehölze mit Wurzelerdballen können noch jeweils zwei bis vier Wochen über diese Zeit hinaus gepflanzt werden.

Immergrüne Gehölze wie Scheinzypressen, Lebensbäume oder Rhododendren werden am besten in den Frühlingsmonaten oder im August und September gepflanzt. Beide Zeiträume stellen sicher, dass die Pflanzen umgehend einwurzeln und Wasser aufnehmen können. Ist dies nicht gegeben, besteht die Gefahr, dass die Pflanzen durch die winterliche Einwirkung von Wind und Sonne vertrocknen. Noch nicht eingewurzelt, können sie kein Wasser für die durch Verdunstung notwendige Versorgung ihrer grünen Pflanzenteile aufnehmen.

Das Pflanzen

Noch vor dem eigentlichen Pflanzen sollten die Wurzeln der zu setzenden Gehölze die Möglichkeit erhalten, durchdringend Wasser aufzunehmen. Dazu stellt man Topfpflanzen und Containerware für ein bis zwei Stunden, wurzelnackte Pflanzen für eine Nacht in ein entsprechend großes Gefäß mit Wasser.

Zum Pflanzen wird ein Pflanzloch ausgehoben. Die Größe des Pflanzloches sollte möglichst und etwa das Zweifache des Wurzelballens betragen. So kann die Pflanze in den aufgelockerten, sie umgebenden Boden leicht einwurzeln.

Bei **bindigen, lehmigen** Böden ist insbesondere darauf zu achten, dass auch die Sohle des Pflanzloches gelockert wird. Geschieht dies nicht, kann die Pflanze nur unzureichend in den Untergrund einwurzeln. In extremen Fällen steht sie dann wie in einem Topf.

Außerdem ist bei bindigen, lehmigen Böden darauf zu achten, dass organisches Material nicht tiefer als etwa 30 Zentimeter und nicht unter dem Ballen eingebracht wird. Wird dies nicht beachtet, kann es zu Fäulnisprozessen kommen, an deren Ende häufig das Absterben der gesamten Pflanze steht.

Wenn die Pflanzgrube ausgehoben ist, wird die Pflanze (gegebenenfalls nach einem Pflanzschnitt, siehe Seite 26) in das Loch gestellt. Die Pflanztiefe sollte dabei jener der Baumschule entsprechen: Bei Topfpflanzen und Containerware ist dies die Oberfläche des Wurzelballens, bei wurzelnackten Pflanzen sind es etwa zwei Fingerbreit über dem Ansatz der Wurzeln.

Bei **veredelten Obstgehölzen** ist insbesondere darauf zu achten, dass sich die Stelle, an welcher der Baum veredelt wurde, über dem Boden befindet. Erkennbar ist diese Stelle als mehr oder weniger ausgeprägter Wulst. Wird das Gehölz so tief gepflanzt, wie es in der Baumschule gestanden hat, dürfte sich die Veredlungsstelle 10 bis 25 Zentimeter über dem Erdboden befinden.

Von den genannten Regeln zur Pflanztiefe sind **Clematis, Rosen** und **Strauchpäonien** ausgenommen: Sie werden ein bis zwei Handbreit tiefer als oben beschrieben gepflanzt.

Nachdem die Pflanze in das Pflanzloch gestellt wurde, wird dieses wieder verfüllt. Damit sich der Boden gut um den Ballen und die Wurzeln schmiegt, sollte er möglichst feinkrümelig sein und keine groben Erdschollen enthalten.

Ein veredeltes Obstgehölz pflanzen: Markiert ist die Veredlungsstelle. Unterhalb dieser Stelle befindet sich die sogenannte Unterlage, die die Wurzeln bildet, oberhalb der Veredlung wächst die gewünschte Gehölzsorte.

Vor allem bei Pflanzen mit feinen Wurzeln und sehr beschränktem Wurzelraum, zum Beispiel Rhododendren, kann es sinnvoll sein, den Boden zum Auffüllen des Pflanzloches durch das Untermischen von Zuschlagstoffen zu verbessern.

Solche Zuschlagstoffe können zum Beispiel Rindenhumus, stark humushaltiger Mutterboden oder auch Kompost sein. In Abhängigkeit von den speziellen natürlichen Bodenverhältnissen Ihres Gartens werden sie mit Bodenvolumenanteilen zwischen 10 und 40 Prozent durch Mischen in den anstehenden Boden eingearbeitet.

Die Verwendung von Torf zur Bodenverbesserung ist aus ökologischen Gründen abzulehnen, die oben genannten Substrate sind mindestens gleichwertig.

Außer Zuschlagstoffen ist es möglich, Düngemittel in die nun verbesserte Füllerde einzuarbeiten. Die Dosierung dieser Stoffe sollte jedoch zurückhaltend gewählt werden. Ein grober Richtwert für die Menge dieser Düngung sind ein bis zwei Handvoll pro Pflanze.

Nach dem Verschließen des Pflanzloches wird – mit Ausnahme von flächig gepflanzten Gewächsen – ein Gießrand um die Pflanze geformt. Dieser dient dazu, Ihr frisch gepflanztes Gehölz wirksam wässern zu können, sodass das gegebene Wasser nicht gleich wieder abfließt. Der Gießrand besteht aus Erdreich und wird mit dem bei der Pflanzung verwendeten Spaten oder der Schaufel durch Zusammenkratzen der unmittelbar um die neue Pflanze befindlichen Erde geformt. Er bekommt eine Höhe von etwa 10 Zentimetern. Zum Schluss wird die Pflanze gefühlvoll angetreten, um größere Hohlräume zu schließen und ihr eine gewisse Standfestigkeit zu verleihen. Dann wird ausgiebig gewässert.

Hier noch eine Ergänzung zum Thema Bodenverbesserung:

Leichte Böden lassen sich durch die Zugabe von Tonmineralen schwerer machen und so mit einem besseren Wasser- und Nährstoffbindevermögen ausstatten. Solche Tonminerale sind granuliert als »Bentonit« im gut sortierten Garten- und Baufachhandel sowie bei landwirtschaftlichen oder gartenbaulichen Genossenschaften erhältlich.

Schwere Böden können durch Zugabe von Sand leichter gemacht werden. Dies führt zu einer verbesserten Wasserdurchlässigkeit und Durchlüftung.

Anpfählen

Solitärgehölze, Hochstämme und Halbstämme verfügen mit ihren ausladenden Astgerüsten und ihrer Belaubung über eine erhebliche Angriffsfläche gegenüber Wind. Um nun zu verhindern, dass diese Gehölze in den ersten Standjahren schief geweht werden und so die frisch gebildeten Wurzeln abreißen, ist es ratsam, sie mittels eines Holzpfahles oder mehrerer Holzpfähle zu befestigen.

Diese Holzpfähle werden bei Gehölzen, die mit (Erd-) Ballen gekauft wurden (dies sind meist *erheblich* ältere oder größere Pflanzen als »normale« Pflanzware), in das noch offene Pflanzloch und dabei *unmittelbar neben* dem Wurzelballen ihrer Pflanze gesetzt. Nach dem Verschließen des Pflanzloches werden sie mit einem Vorschlaghammer so weit in die Erde eingetrieben, dass sie stabil stehen. Dabei sollte es weder so sein, dass der Baum es ist, der die Pfähle hält, noch dass die eingeschlagenen Pfähle rasende Güterzüge aufhalten könnten.

Pflanzen, die ohne Ballen (also wurzelnackt) oder mit einem Topf oder Container gekauft wurden, werden erst in das Pflanzloch gestellt, danach durch Anfüllen von Erde gepflanzt. Erst dann werden die Holzpfähle (oder der Holzpfahl) eingetrieben. Da die Pfähle dabei möglichst direkt neben den Wurzeln, also dem Topfballen eingeschlagen werden, müssen Sie keine Bange haben, die Wurzeln Ihrer Pflanze zu verletzen.

Zur Bestefigung des Gehölzes am Holzpfahl sind verschiedene Befestigungstechniken möglich.

Wichtig: Das Material, mit dem die Pflanze festgebunden wird, sollte so breit sein, dass es nicht scheuert oder einwachsen kann. Im Garten- und Landschaftsbau wird im Allgemeinen Kokosstrick verwendet. Die Bindungen sollten nach zwei bis drei Jahren – bevor sie einwachsen können – entfernt werden.

Und noch etwas für all jene, die es gartenbaulich schlicht »perfekt« machen wollen: Soll die Pflanze mit einem schräg eingeschlagenen Pfahl befestigt werden, wird dieser so eingeschlagen, dass er (in seiner Ausrichtung und mit seiner oberen Pfahlspitze) gegen die Hauptwindrichtung West bis Südwest deutet.

Nachpflege: das Wässern

Nach dem Pflanzen beschränkt sich die Pflege bis auf Weiteres auf regelmäßiges Wässern. Weil sehr häufig zu beobachten, sei dabei auf Folgendes hingewiesen: Pro Gießgang sollte so viel Wasser gegeben werden, dass der gesamte Wurzelraum der Pflanze durchfeuchtet wird. Dies entspricht bei einem neu gepflanzten Obstbaum etwa zwei Zehn-Liter-Gießkannen. Wird lediglich im »Schnellgang« gewässert, wird nur die Bodenoberfläche angefeuchtet, die Wurzeln bleiben weitgehend trocken!

Die Häufigkeit dieser Gießgänge richtet sich vor allem nach dem gepflanzten Gehölz und der Witterung. Bei trockener Witterung und im Sommer sollte als Faustregel ein ausgiebiger Bewässerungsgang pro Woche reichen. Bei sandigen Böden kann dies häufiger, bei lehmigen Böden seltener erforderlich sein, spätestens jedoch, wenn Ihre Pflanze die Blätter hängen lässt. Vor allem im Sommerhalbjahr liegt die beste Zeit zum Wässern in den Abendstunden. In den Abendstunden deshalb, weil das Wasser nun ausreichend Zeit hat, in den Boden einzudringen, und nicht gleich wieder verdunstet.

Standortgerecht ausgewählte Pflanzen benötigen ab dem zweiten, spätestens ab dem dritten Standjahr keine Bewässerung mehr.

Etwas Wichtiges zum Schluss

Die Pflegemaßnahmen, die eine Gehölzart oder Gehölzsorte für ihr optimales Gedeihen braucht, sind mitunter erstaunlich unterschiedlich. Genauso verschieden verhält es sich mit dem, was die einzelnen Pflanzenarten ebenso ausmacht:

- ihren **Wuchseigenschaften**
- und ihren **Standortansprüchen.**

Werden diese Eigenschaften und Ansprüche nicht beachtet und wird eine Pflanze an einen für sie ungeeigneten Standort gesetzt, so wird sie stets mehr oder weniger kümmern.

Auch wenn sich viele Gehölze in solchen Situationen mit einer erstaunlichen Zähigkeit behaupten – besonders wohltuend anzuschauen sind sie dort kaum.

Als Stellvertreter für all diese Ritter der traurigen Gestalt seien hier Rhododendren in praller Sonne, Rosen im tiefen Schatten oder auch bis zur Unkenntlichkeit zurückgeschnittene Bäume und Sträucher genannt. Bestimmt haben Sie solche Pflanzen schon einmal gesehen. Und sich vielleicht auch gefragt, was ihnen eigentlich fehlt.

So sollte die erste Grundregel beim Kauf einer neuen Pflanze sein, sich genau mit deren Wuchseigenschaften und Standortansprüchen vertraut zu machen.

»Die Pflanze hat zwar einen sehr interessanten Wuchs: Aber wie groß wird sie später eigentlich? Habe ich in meinem Garten für so eine Pflanze wirklich genug Platz?« Oder: »Die Pflanze blüht zwar sehr schön: An welcher Stelle – in der Sonne oder im Schatten – wächst sie eigentlich am liebsten? Habe ich in meinem Garten einen Platz, an dem sie sich auf Dauer wohlfühlen kann?«

Wer sich diese Mühe macht, wird sich über die Zeit eine Menge Arbeit ersparen und wird dafür auch noch mit gesunden und schön anzuschauenden Pflanzen belohnt.

Für jeden Pflanzort gibt es die wunderbar passende(n) Pflanze(n). »Einzig« – man muss sie finden.

Es lohnt sich also, vor der Auswahl einer Pflanze im Gartenfachhandel, wo alle noch gesund sind und auch *so niedlich und unverdächtig klein* aussehen, genauer zu überlegen und sich vielleicht auch einmal mit einer Kaufentscheidung Zeit zu lassen.

Lassen Sie sich gut beraten oder stöbern Sie auch einmal in einem dieser so herrlich üppigen Gartenbücher.

Die Pflanzen, die Sie dann in Ihrem Garten Platz nehmen lassen, werden es Ihnen danken. Versprochen.

Der Autor

Christof Sandt ist Baumschulgärtner, Landschaftsarchitekt, Ästhet und Pflanzenliebhaber mit über 25-jähriger Berufspraxis im Inland und Ausland.

Nun schon viele Jahre durch die Gärten dieser Welt schlendernd, ist ihm aufgefallen, dass sehr viele der in Gärten und Freianlagen wachsenden Gehölze durch einen falschen Beschnitt ihrer natürlichen Erscheinung beraubt worden sind. Um nun dieser allgemein vorherrschenden Praxis von »Hausmeisterschnitt« und anderen ästhetischen Grausamkeiten etwas entgegenzusetzen, ist dieses Buch entstanden.

Neben seiner Arbeit als Landschaftsarchitekt und -planer schreibt Christof Sandt zu freiraum- und landschaftsplanerischen sowie menschenkundlichen Themen und arbeitet als Dozent, Naturführer und Mediator. Und manchmal, da freut er sich auch *einfach* seines Lebens.

Näheres unter: **www.gruenersandt.de**

Gehölze geben dem Garten ein Gesicht, Stauden lassen es lächeln. Drum: Vergessen Sie bei der Planung und Bepflanzung Ihres Gartens die so herrlich sinnlichen Stauden und Zwiebeln nicht.

Abstandsreglungen der Nachbarrechtsgesetze

Deutschland

Neben einigen Bestimmungen zum Nachbarrecht im Bürgerlichen Gesetzbuch (§ 903 ff. BGB) ist das Nachbarschaftsrecht als Ländersache in den einzelnen Bundesländern in voneinander abweichenden Gesetzen geregelt.

Gemeinsam ist ihnen, dass sie Abstandsregeln für die Pflanzung von Bäumen, Sträuchern und Hecken an den Grundstücksgrenzen definieren. Beim Pflanzabstand von der Grundstücksgrenze reichen diese von 25 Zentimetern bei niedrigwüchsigen Gehölzen und Hecken bis zu mehreren Metern bei Großbäumen.

Weitere Passagen der Nachbarrechtsgesetze klingen so:

- Einzelne Bäume, Sträucher, Rebstöcke sowie Spaliervorrichtungen und Pergolen, die den vorgeschriebenen Grenzabstand nicht einhalten, sind auf Verlangen des Nachbarn zu beseitigen. Das gilt auch für Hecken mit einem geringeren Grenzabstand als 25 Zentimeter.
- Hecken, die jene aufgrund ihres Abstands zum Nachbargrundstück zulässige Höhe überschreiten, sind auf Verlangen des Nachbarn zurückzuschneiden.
- Der Anspruch auf Beseitigung ist ausgeschlossen, wenn der Nachbar nicht bis zum Ablauf des fünften auf das Anpflanzen oder die Errichtung folgenden Kalenderjahres Klage auf Beseitigung erhoben hat.

- *Bei Bäumen, Sträuchern und Rebstöcken, die zunächst als Heckenbestandteil gezogen wurden, beginnt die Frist zu jenem Zeitpunkt, zu dem die Anpflanzung das Erscheinungsbild einer Hecke verliert.*

Österreich

In Österreich finden sich Regelungen zum Nachbarrecht vor allem im Allgemeinen bürgerlichen Gesetzbuch (§ 364 ff. ABGB). Demnach müssen zwei Voraussetzungen vorliegen, damit dem benachbarten Grundstückseigentümer ein Abwehranspruch zusteht: Erstens muss der Schattenwurf das am jeweiligen Ort übliche Ausmaß überschreiten, zweitens muss der Grundstückseigentümer in der Benutzung seines Grundstücks unzumutbar beeinträchtigt sein.

Schweiz

In der Schweiz ist das Nachbarrecht zum einen Teil als Bundesrecht in den Art. 684 ff. des Zivilgesetzbuches (ZGB) geregelt und zum anderen Teil als kantonales Recht in den Gesetzen der einzelnen Kantone.

Über die jeweiligen Einzelheiten der Nachbarrechtsgesetze weiß das Internet (oder auch manch altmodische Papiersammlung) unter dem Stichwort »Nachbarrecht« und Eingabe Ihres (Bundes-) Landes / Kantons Genaueres zu berichten.

Stichwortregister

Praxiswissen für den Naturgarten

Uwe Westphal:
Hecken – Lebensräume in Garten und Landschaft
ISBN: 978-3-89566-296-6

Ulrike Aufderheide:
Der sanfte Schnitt
ISBN: 978-3-89566-320-8

Michael Altmoos:
Der Moosgarten
ISBN: 978-3-89566-387-1

Farina Graßmann:
Wunderwelt Totholz
ISBN: 978-3-89566-401-4

Haufenweise Lebensräume

Brigitte Kleinod
und Friedhelm Strickler:
Schön wild!
ISBN: 978-3-89566-367-3

Ulrike Aufderheide:
Tiere pflanzen
ISBN: 978-3-89566-388-8

Uwe Westphal:
Das große Buch der Gartenvögel
ISBN: 978-3-89566-375-8

Sigrid Tinz:
Haufenweise Lebensräume
ISBN: 978-3-89566-389-5

Weitere Bücher aus dem pala-verlag

Andrea Preißler-Abou El Fadil:
Gärtnern nach dem Terra-Preta-Prinzip
ISBN: 978-3-89566-376-5

Johannes Wirz
und Norbert Poeplau:
Imkern mit der Einraumbeute
ISBN: 978-3-89566-402-1

Irmela Erckenbrecht
und Peter Reichenbach:
Farbstark mit sevengardens
ISBN: 978-3-89566-370-3

Stefanie Horn:
Natürlich fermentierte Nüsse
ISBN: 978-3-89566-392-5

Gesamtverzeichnis bei:
pala-verlag, Rheinstraße 35, 64283 Darmstadt, www.pala-verlag.de

ISBN: 978-3-89566-398-7

Rheinstraße 35, 64283 Darmstadt
www.pala-verlag.de

Bildnachweis:
S. 13: Heidi Janicek
alle anderen Illustrationen: Christof Sandt
Umschlagillustration: Heidi Janicek
www.heidijanicek.de

Lektorat: Angelika Eckstein

Druck und Bindung: Druckhaus Nomos, Sinzheim
www.nomos-druck.de
Printed in Germany

Gedruckt auf
100% Recyclingpapier